◎黑猩猩（摄影：张继忠）
◎环尾狐猴（摄影：吕传泉）

◎亚洲象（摄影：郭玲）

◎小熊猫（摄影：郑云霞）

◎猞猁（摄影：张勇）

◎鸳鸯（摄影：郭玲）

◎孟加拉虎（摄影：郭玲）

◎岩羊（摄影：张勇）

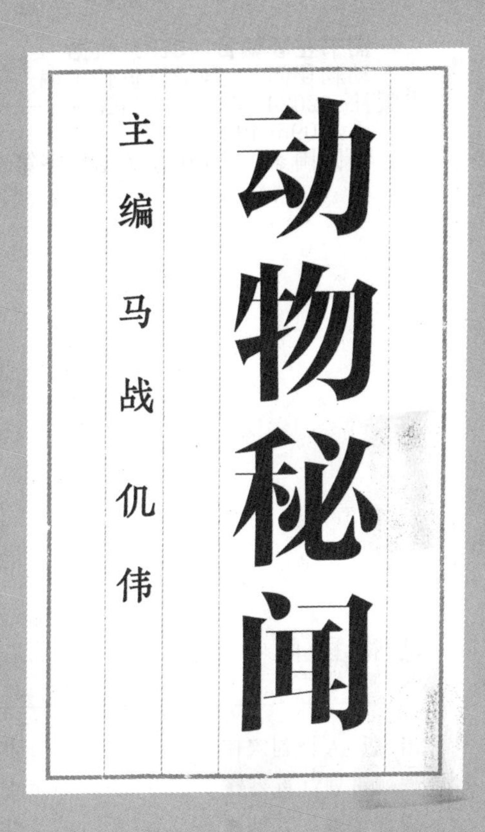

动物秘闻

主编 马战仉伟

中原农民出版社
·郑州·

图书在版编目（CIP）数据

动物秘闻 / 马战，仉伟主编. -- 郑州 : 中原农民出版社，2024. 8. -- ISBN 978-7-5542-3056-5

Ⅰ. Q95-49

中国国家版本馆CIP数据核字第2024HZ5659号

动物秘闻

DONGWU MIWEN

出 版 人：刘宏伟　　责任校对：彤　冰

选题策划：肖攀锋　　责任印制：孙　瑞

责任编辑：肖攀锋　　装帧设计：薛　莲

出版发行：中原农民出版社

地址：河南自贸试验区郑州片区（郑东）祥盛街 27 号 7 层

邮编：450016

电话：0371-65788199（发行部）　　0371-65788150（编辑部）

经　　销：全国新华书店

印　　刷：新乡市豫北印务有限公司

开　　本：710 mm × 1010 mm　1/16

印　　张：16

字　　数：170 千字

版　　次：2024 年 8 月第 1 版

印　　次：2024 年 8 月第 1 次印刷

定　　价：48.00 元

本书编委会

主　编　马　战　仉　伟

副主编　赵学乾　赵国策　郭　玲

编　者　徐　真　薛　媛　王启峰　张爱民

序

春天来了，花草树木逐渐泛出了绿意、绽放自我，鸟、兽、虫、鱼度过寒冷的冬天，开始活跃，大地恢复了生机。在这春意盎然的时刻，马战先生发给我一部名曰“动物秘闻”的书稿，一篇篇精妙的文字向我打开了一个全新的世界，让我从那平实但有趣的字里行间了解了很多动物的趣闻，让我对那些平时或常见或陌生的动物有了更深入的了解，有了朋友般的熟知感，有了想亲近它们的急迫心情。

马战先生是我交往近二十年的好朋友，他是一位开朗、热情、善良的人，工作之余喜欢写作。我们以文会友，每年都会见几次面。每次小聚时，他总是用拟人化的词句向我们这些朋友绘声绘色地讲述野生动物的奇闻逸事。在他讲述的那些故事里，动物是那样有灵性，动物和动物之间总是互助互爱，令我这个平时很少接触动物的人都心向往之。

本书用文学性的语言生动有趣地介绍了大熊猫、金丝猴、大象、老虎、丹顶鹤、白鹭、八哥、鹩哥、蜻蜓、蝉、蜜蜂、蝴蝶等50余种兽类、鸟类、昆虫类的生活习性。书中介绍的动物或是生活在动物园里的珍稀野生动物，或是我们身边常见的动物。大众尤其是青少年对它们的名字，或熟知或陌生，但对它们的生活习性可能知之甚少。我读完这本书后，很多有关动物的疑惑和不解都有了答案。

这本书叙事平实，用词造句却又颇为风趣，贴近大众，更符合青少年的阅读习惯。这本书趣味性也很强，能让大众在阅读中感受到快乐，同时，还能从书中汲取关于动物的科普知识。我深切地感受到它的可读性、趣味性和知识性，尤其难得的是，它以动物文化为主线，用生动有趣的语言，诠释了从古至今动物与人类的和谐共生及人们对动物的喜爱之情。

我体会最深的是，这本书让我感受到了动物文化与中华优秀传统文化相融合之美，给我们奏响了一曲以动物为主角、以动物与人类关系为主调、以人们对动物的喜爱之情为烘托的生态文明建设的主旋律。我相信，那些用心血来描写动物灵性的作家也一定是热爱大自然、关爱生命的人，他们善良仁慈，具有“金子般的心肠”。若人人都有“金子般的心肠”，世界就会变得越来越美好。

是为序。

2024 年 3 月 24 日写于泉城

马　建

（济南市天桥区作家协会主席）

目 录

一
序篇
动物秘闻

大熊猫

动物之美

>>

经过冬天的洗礼，耐受了数月干旱，迎春在蜡梅的余香中顽强地绽放着一簇簇的小花。脱去厚重棉衣的人们，趁着和煦的春风，或呼朋引伴，或携子弄孙，悠闲地享受着美好时光。

在暖房里憋屈了一冬的动物们喷着响鼻，浑身躁动着，翘首守候在门旁，等着通向春天的大门向它们敞开。门刚一打开，它们就急不可耐地冲到了户外的暖阳里，尥着蹶子撒欢儿。两只高大的长颈鹿迈动长腿，好像两艘在水面上优雅漂动着的大船；身大胆小的野驴妈妈，在“呼哧呼哧”享用染着花香的嫩草时，还不时分神照顾着身边的孩子；穿着条纹长袍的斑马们三三两两地闲逛着，时而抬头和不远处的长角羚们打招呼，好像在说：“哥们儿，春天好啊！”阳光里的动物群中，还有不少小家伙呢！小斑马、小长角羚、小野驴、小羊驼……它们都在妈妈的陪伴下沐浴着暖阳，享受着生命里的第一个春天。这些小家伙一个个顽皮地撒着欢儿，好奇地东闻闻、西嗅嗅，用自己的方式感知着这个新奇的鲜亮的还有点凉丝丝的春天。

天气渐渐暖和了，人们的心情也欢闹起来了。灵动可爱的动物们在明媚馨香的春天里，或撒欢儿，或高歌，或溜达着啃食嫩草，大自然涂鸦的画卷真美啊！

当朝霞红着脸
把天际点亮
黄的粉的紫的
摇曳出好看的模样
年轻的歌手们
你方唱罢我登场
你飙高音
我唱中音
它就用重低音哼唱
仿佛金色大厅里
绕梁三日的交响乐
把快乐的音符
拖拽得
婉转而高亢

当太阳懒洋洋地
脱去
大地有些厚重的晨装
大船样的长颈鹿
蹚过刚泛绿的草地

高扬着长长的脖子

炫耀着

自己的举世无双

小斑马喷着响鼻

东闻闻西嗅嗅

好奇顽皮而繁忙

称霸山林的老虎

纵横草原的狮子

傲娇地徘徊着

神气地对视着

谁也不服谁地

比着称王

当夕阳挥着画笔

把远山涂抹成金黄

疯了一天的年轻歌手们

仍精力过剩

气息悠长

不知疲倦地表演着

颇有穿透力的

小合唱

大象陶埙似的低吼

孔雀军号般的嘹响

翻山越岭

跨桥过岗

把静谧的大地

震颤得

抖擞而激昂

动物们的美

既含蓄

又热烈

四季都新鲜

耐看不张扬

二
昆虫篇
动物秘闻

蚕

为人类做出重大贡献的蚕

»

华夏祖先在新石器时代晚期就开始种桑养蚕了，经过四千多年的磨砺积淀，形成了底蕴深厚的蚕桑文化。蚕桑文化为中华文明乃至世界文明的发展做出了重大贡献，作为丝绸之源的蚕是蚕桑文化不可或缺的重要角色。

根据食性的不同，可把蚕分为桑蚕、柞蚕、蓖麻蚕、木薯蚕等十多个品种，我们常说的蚕主要是指桑蚕，也就是家蚕。蚕是蚕蛾的幼虫，蚕蛾是昆虫纲鳞翅目蚕蛾科昆虫。蚕蛾是一种完全变态昆虫，一生要经历卵、幼虫、蛹、成虫四个阶段，我们所说的蚕即是其幼虫阶段，缫丝用的蚕茧则是幼虫吐丝化蛹结的茧。为了便于管理，养蚕专业人士还会把蚕的一生分成五个阶段，即蚕卵、蚁蚕、熟蚕、蚕茧、蚕蛾。

我们先从蚕蛾说起。蚕蛾的全身披着白色的鳞毛，猛一看，你会觉得它的形状有些像蝴蝶，但是细看你会发现，它翅膀短小，体躯肥大，已不能飞翔，与体躯纤瘦、翅膀阔大的蝴蝶差别甚大。破茧成蛾后，雌蛾尾部释放出一种气味，引诱雄蛾爬行而来进行交尾，交尾后雄蛾很快死亡，雌蛾在花一晚上产下四五百个卵后也慢慢死去。蚕卵看上去很像芝麻粒，刚产下的卵一般为淡黄色或黄色，然后变为淡赤豆色、赤豆色，最后变为灰绿色或紫色，温、湿度合适即孵化为蚁蚕。刚从卵中孵出的蚕，体长约两毫米，身体细小、多细毛，褐色或黑色，有点像蚂蚁，养蚕专业术语称为“蚁蚕”，两三个小时后，蚁蚕就能采食桑叶了。从蚁蚕到熟蚕要经过四次蜕皮，第四次蜕皮又称大眠，大眠之后就进入第五龄，五龄蚕长得很快，体长可达六七厘米，体重是蚁蚕的万余倍；五龄末期，蚕食欲减退、逐渐老熟，称为熟蚕，熟蚕开始吐丝，丝吐尽即结茧化蛹，蛹体由最初的嫩软淡黄渐变为黄、黄褐色或褐色，且硬实。约半个月后，当蛹体又开始变软，蛹皮起皱并呈土褐色时，蚕羽化成蛾的时刻即将来临。蚕的完全变态过程，即经历卵、幼虫、蛹至成虫的全过程，需五十多天的时间。

蚕吐丝时，头不停摆动，每织二十多个丝列就换一个身位，结一个茧，需变换几百次位置，织出数万个丝圈，每个丝圈的平均长度近一厘米。这些丝圈都是由一根丝绕成的，那么，由此而知，一个茧即一根丝，可达一两千米，长的接近三千米。一只蚕要用尽丝腺内的分泌物，吐这么长的丝，方结茧化蛹变蛾。“春蚕丝尽即生蛾，秋燕雏成不泥窠。”宋代张继先在《庵居杂咏九首·其三》一诗中说尽了蚕勤劳的大半生。

从古至今，人们都喜欢蚕，这不仅仅是因为蚕吐的丝经过缫丝、洗染、织造后可变成华服丽裳，还因为蚕有一种执着、坚贞、奉献的精神，而这种精神与人们追求的高尚情操高度契合。“春蚕到死丝方尽，蜡炬成灰泪始干。”唐代李商隐在《无题》诗中高度赞扬了蚕的奉献精神。对蚕的这种精神，我油然而生敬意，现将因敬意而生的感悟分享给大家：生命的神奇，心灵的自由，情感的奔放，不只是我们人类的专利，也是所有生命个体存在的理由。

一枚茧

细白

浑圆

安静得

像一件艺术品

住在人迹罕至的宫城

太阳与夸父捉着迷藏

温暖的潜流

流淌成一缕

细细的风

怀揣了梦想的茧

在风的抚慰下

恍如涅槃重生

挣断闪亮柔韧的丝

鼓着五彩粉嫩的翅

一个蛰伏已久的精灵

扬眉吐气地

翱翔在

甜香明丽的空中

阳光很明媚

柳绿了花也红了

自缚的茧

也能倾尽力气

化作

刚飞出窝巢的

一只雏鹰

凭风滑翔

借力俯冲

在这美丽的世界

搏击驰骋

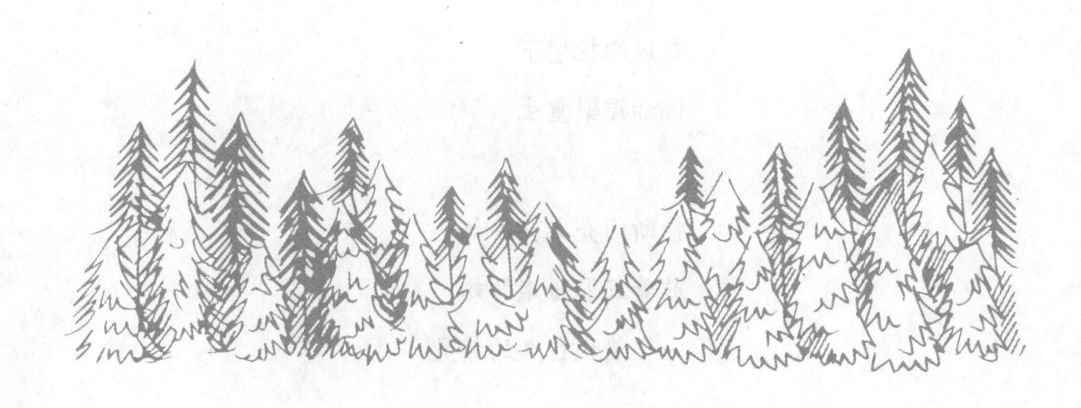

蝉

夏日蝉鸣

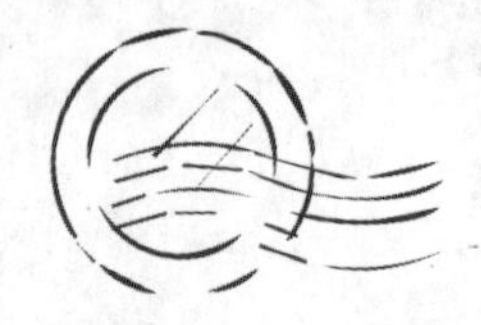

>>

“垂缕饮清露，流响出疏桐。居高声自远，非是藉秋风。”唐代虞世南在《蝉》一诗中把蝉描写得雅正清高。南北朝诗人王籍《入若耶溪》中的名句“蝉噪林逾静，鸟鸣山更幽”，也表达了听到蝉鸣后的心情。夏日蝉鸣虽有些聒噪，但只要你平心静气地谛听，并不觉得其烦扰，反而会生出一种别样的清静心境。

古人之所以用蝉来喻指品行高洁，是因为大家都认为蝉是餐风饮露，不食人间烟火的。唐代骆宾王在《在狱咏蝉》一诗中更是直白地表达了这一感情：“无人信高洁，谁为表予心。”其实，当你在欣赏蝉的鸣唱的时候，它同时也把尖锐的口器刺入了树皮，在美美地吸食着汁液，可以说它是鸣唱进食两不误的“高手”，正是这一高招，才骗得古人把它当作高洁的雅士。

能做到这一点，完全得益于它拥有一套精巧的鸣器。它的鸣器在腹基部，不但有能振动发声的鼓膜，还有能快速伸缩的鸣肌，也有能共鸣的盖板，可谓“设备”齐全。每到酷夏，雄蝉就靠嘹亮的“知了——知了——”声吸引雌蝉来相会，已陶醉了的雌蝉就扇动着双翅飞落到雄蝉栖伏的树枝上。盛夏，蝉声盈耳，却少见其在空中飞翔的身影，这是因为蝉的成虫最长寿命也就六七十天。在这短暂的时光里，它们要么吸食树液以养精蓄锐，要么不住声地鸣叫以发出繁衍后代的邀请，根本没有更多的时间去浪费。只有在被逼无奈的时候才从一棵树飞到另一棵树上，这往往是因为去吸食更多汁的树液，或是因为被惊扰了求偶的痴梦。当遇到惊扰时，它们都会急促地把体内的废液排出体外，以减轻体重便于飞逃。若你小时候比较调皮，经常去驱赶知了的话，恐怕没少被这样的“知了尿”浇淋吧。

蝉的成虫寿命很短，但它从卵到幼虫再到成虫的过程还是相对有些漫长的。交尾后的雌蝉用锐利似剑的产卵管在树枝上刺出一排小孔，然后就把卵产在这些小孔里，这一行为多在每年的8月上中旬完成。来年6月中下旬，卵在树枝上的小孔里孵化成幼虫，然后落至地面钻入泥土中。幼虫在黑暗的地下要生活若干年，少则三五年，有的多达十七年之久。它们在地下要经过四次蜕皮才发育成常在雨后钻出地面的知了猴，知了猴钻出地面凭着生命的本能爬到树上蜕去“蝉蜕”，变成成虫。蜕去蝉蜕的过程一般要一个小时左右，这段时间是很艰辛、很危险的，尤其是翅膀从蝉蜕中蜕出来前后的这一段时间，若这期间它被打扰了，翅膀很可能就变成畸形，从而失去飞行能力，以致失去活下去的机会。

蝉是个大家族，有两千余种，它们数量很多，繁殖能力很强，幼虫在地下吸食树根部树液的行为和雌蝉的产卵行为都会对树木造成一定的损伤，因此，可以说蝉是林业害虫。由于知了猴营养丰富、味道鲜美，油炸烹炒均是美味佳肴，即使有人工养殖的弥补，野生蝉的数量也日渐减少。蝉是大自然的妙手偶得，蝉鸣是大自然弹奏出的余音绕梁的绝妙好声音，它让我们的童年有声有色，让我们在酷热的夏季感受到了闹中取静的一丝清凉，但愿蝉之流响永出疏桐间！

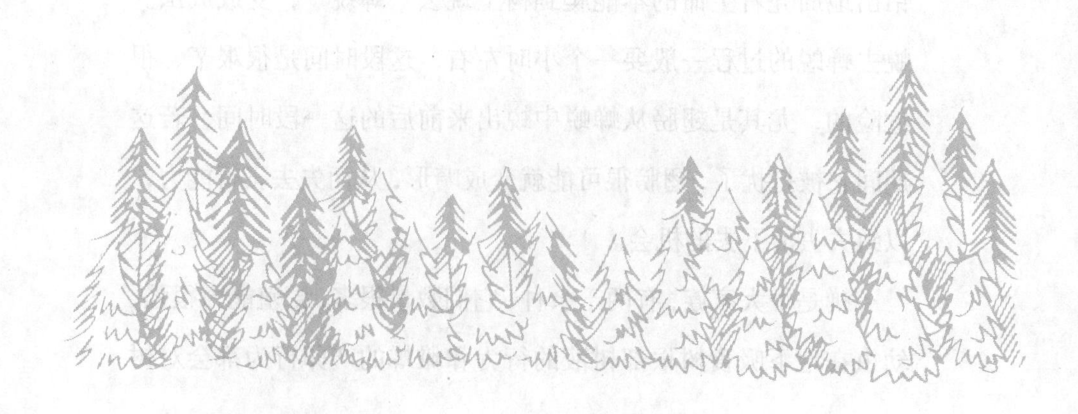

蝴蝶

会飞的花朵——蝴蝶

>>

蝴蝶色彩艳丽、体纤翅美、形态万千，从古至今都深受人们喜爱，被誉为“会飞的花朵”。它们时常留恋花丛，身形与花朵相映成趣，难分彼此。正如宋代杨万里描写的那样：“儿童急走追黄蝶，飞入菜花无处寻。”蝴蝶是美丽的，“穿花蛱蝶深深见，点水蜻蜓款款飞”，诗圣杜甫即使沉浸在“一片花飞减却春，风飘万点正愁人”的情绪里也能深深感受到蝴蝶的美丽。

蝴蝶之所以美丽，是因为它们有两对色彩斑斓的翅膀。这两对翅膀不但美丽，还很精巧，它们是由两层薄膜叠合而成，两层薄膜表面覆盖着许许多多像鱼鳞一样的微小鳞片。蝴蝶一生要经历卵、幼虫、蛹和成虫四种形态，在变态过程中，幼虫体内分泌的激素可以调节细胞的分裂、分化和死亡等活动，从而影响鳞片细胞中角质素、色素的合成和分布。而蝴蝶翅膀表面的微小鳞片主要是由角质素和色素组成的，因此，角质素、色素合成和分布的不同就决定了鳞片大小、形状、排列和颜色的差异，从而发育成形态各异、色彩万千的蝴蝶翅膀。

蝴蝶的翅膀是大自然的杰作，美丽而神奇。这美丽而神奇的翅膀除了用于飞行，还有很重要的生物学意义。形态、色彩各异的翅膀，一方面成为醒目的信号源，不但有利于种内识别，还可以更高效地吸引异性的关注；另一方面也成为融入环境的保护色，威吓天敌的警戒色。同种识别有利于蝴蝶集群活动，从而利用集群优势，提升种群的存活率；同时，还有利于找到同种的异性，且有效避免种间杂交，总而言之，这些优势有利于种群的存活和繁衍。有些蝴蝶是伪装大师，如枯叶蝶，不但色彩，就连形状也像极了枯叶，这让它们可以很有效地融入环境，保护自身。有些蝴蝶的翅膀色彩或鲜艳或对比强烈，如红白相间的有毒的大白斑蝶，以对比强烈的醒目色彩警告对手："我有毒，别动我！"

蝴蝶属于昆虫纲鳞翅目，全世界已知的鳞翅目昆虫近二十万种，而蝶类只占十分之一，其余的都是蛾类。蝶和蛾的共同之处是翅膀和体表都覆盖着密密的细小鳞片；幼虫期绝大多数为植食性，危害各类植物，鳞翅目是农林害虫最多的一个目，如桃小食心虫、苹果小卷叶蛾、棉铃虫、菜粉蝶等；成虫一般采食花蜜、水等，不危害植物（除少数外，如吸果夜蛾类危害近成熟的果实）。蝶和蛾也有很多不同之处，蝶类大多在白天活动，蛾类大多夜间活动；蝶类通常身体纤细，蛾类通常较粗短；蝶类通常翅膀阔大，色泽艳丽，蛾的翅则相对狭小，一般都较暗淡；蝶类休息时通常把翅膀竖立在背上，蛾类则通常把翅叠在背上呈屋脊状；蝶类通常在幼虫羽化为成虫前吐丝结茧，而蛾类通常在幼虫期吐丝做茧。

在中华传统文化中，最著名的蛾类当属蚕蛾，它主食桑叶的幼虫即是大名鼎鼎的家蚕了，可以吐出一根上千米长的丝做成茧，而这枚小小的茧为人类的生活和文化平添了浓墨重笔的华彩。最著名的蝴蝶非“梁山伯与祝英台”所化的一对蝴蝶莫属了，自晋朝至今的一千多年间，这一生离死别的爱情故事，不知成就了几多年轻男女的忠贞爱情。

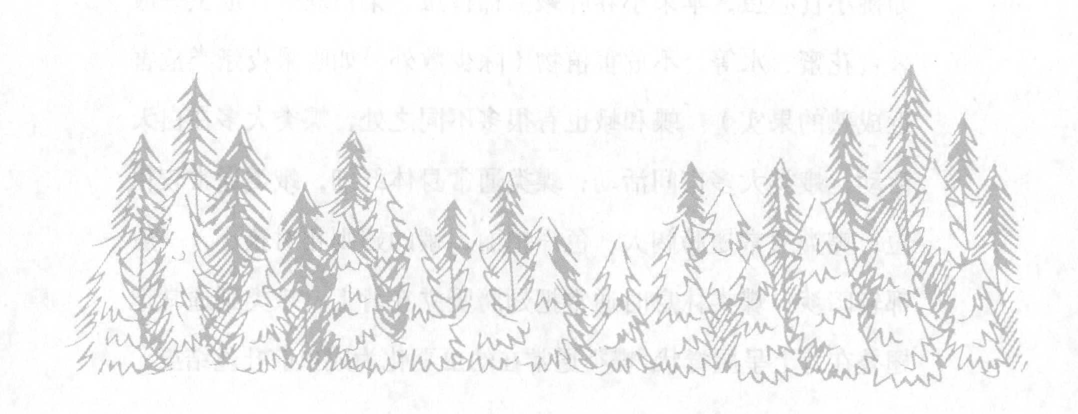

蚂蚁

建筑大师——蚂蚁

>>

蚂蚁种类繁多，筑巢集群而居，营社会性生活，是动物世界出色的建筑师。

全世界现有上万种蚂蚁，如小黄家蚁、大头蚁、洛氏路舍蚁等都是在我国分布比较广泛的蚂蚁。小黄家蚁，体型较小，工蚁的体长一般不足两毫米，国内各地都有分布，它们常在家居的厨房、杂物堆下以及墙缝中安家；大头蚁，常见于我国的北京、山东、江浙一带，它们大多在室外的墙脚处落脚，常钻入室内偷食，该种蚂蚁的兵蚁异常强悍；洛氏路舍蚁，广泛分布于我国各地，常在路边、墙脚、墙缝中栖息，也有入室盗食的习性。

蚂蚁是一种典型的具有社会性生活习性的昆虫，集群而居，不管是同种还是异种的蚂蚁，集群的个体数量差别都很大，少则几十只、近百只，多则几千只，也有几万只的大群。同一群体内的蚂蚁至少两个世代重叠，值得特别提出的是，子代还能在一段时间内照顾上一代。同一群体内的成员分工明确，蚁后，又称母蚁、蚁王，负责产卵繁衍后代，同时还是统管这个大家庭的大家长，在群体中体型最大，腹部大、触角短、胸足小，生殖器官发达；雌蚁，具有生殖能力的雌性个体，交尾后一般会蜕去翅膀成为新的蚁后，人们还给这些为数不多的个体起了个好听的名字："公主"或"天使"；雄蚁，或称父蚁，它们的职责是与蚁后交配，这些雄蚁头圆而小、上颚弱、触角细长，但它们有发达的生殖器官和外生殖器，这些雄蚁也有一个雅称，即"王子"，也有叫它们"蚊子"的，但此"蚊子"非彼"蚊子"；工蚁，又称职蚁，它们的职责是筑巢、采集食物、饲喂蚁后和幼蚁，它们是没有繁殖能力的雌性，在家族中数量最多、个头最小，无翅但善于步行，我们平常能看到的蚂蚁主要就是这些忙忙碌碌的工蚁，"微躯所馔能多少，一猎归来满后车"，宋代杨万里在诗中感叹的也正是它们；兵蚁，也是一些没有生殖能力的雌蚁，它们的职责是保卫群体，是家族的保镖，与工蚁相比，它们头更大，上颚更发达，善于攻击。

当一个群体过于庞大、住处极度拥挤时，蚂蚁们就需要建立新的群体，此时，群中孵育出的有繁殖能力的雌性和雄性个体会振翅飞翔，去空中结识新伴侣，互相钟情后即婚配交尾。交尾后的"新郎"不久即死亡，已受孕的"遗孀"则独自生活，它脱掉翅膀，选择适宜的场所筑一个简陋的巢室安身，就在这个陋室内产下受精卵、孵育幼虫，并指挥新生的工蚁们不断扩建巢穴，建立起自己新的王国。

种类繁多的蚂蚁们的居所风格各异，大多数蚂蚁喜欢在地下泥土中安家落户；有的则把自己的房子挂在树上或岩石间；

有的在枯朽的木头中落脚；少数的还把自己的房子建在“别人”的家里，它们同屋而居却能和睦共栖。我们常见的大多是在地下筑巢的蚂蚁，它们的巢穴有平面式的，巢室一般都分布在一个水平面上，鲜见两层居室；也有立体式的，大多垂直向下，空间复杂，适宜大群体生活。蚂蚁巢穴设计合理，能够很好地排水和通风，温、湿度比较稳定；巢内有隧道、小室和住所，蚁后的居室位置比较靠内，靠外的用于休息、育幼和储藏食物；有些种类的蚂蚁还会在巢穴的出口处堆积土粒、细沙和树叶，以保护巢穴、宣示领域。据研究，蚂蚁对巢穴的要求比我们人类还讲究，它们一直都在寻找更优越的居住环境，它们在意的环境是空间开阔、巢穴挑高宜堆放蚁卵、入口狭窄易防守、相对偏僻远离纠纷等。一旦发现更适宜居住的环境，它们就毫不犹豫即刻搬迁，这恐怕也是我们能经常看到蚂蚁搬家场景的原因吧。

“偶尔相逢细间途，不知何事数迁居。”看来，宋人杨万里早就发现了蚂蚁们追求舒适居所的习性了。

蜜蜂

分工明确的蜜蜂

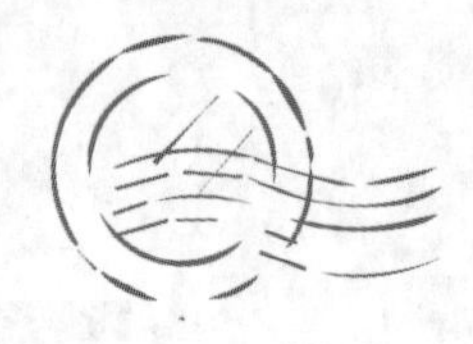

》

唐代的罗隐在《蜂》一诗中吟诵道："不论平地与山尖，无限风光尽被占。"宋代的饶节在《偶成》一诗中写道："蜜蜂两股大如茧，应是前山花已开。"古人眼中的蜜蜂，和我们看到的在花丛中采蜜或在采蜜路上的蜜蜂，其实都只是蜂群中的工蜂而已。

蜜蜂是一类群居性昆虫，大多营母系氏族生活。在一个蜜蜂大家族中，身份定位和职责分工非常明确，有三种不同的身份，即蜂王（称其为蜂后更为贴切）、雄蜂和工蜂，这三种蜂分别执行不同的职责。

一只蜂王"统治"着一个蜜蜂家族，它靠分泌的蜂王信息素抑制工蜂的卵巢发育，从而让工蜂失去繁育能力，并控制工蜂在蜂巢内的行为。蜂王被工蜂们供养着，不采蜜，也不筑巢，只负责产卵。过上这种养尊处优的生活，蜂王是以失去自由为代价的，除了那段很短暂的浪漫时光，和为数很少的分群搬家，它的一生基本是在蜂巢内度过的。那么，一只幼虫是怎么成长为蜂王的呢？其实，蜂王的命运并不是它自己能决定的，而是由老蜂王“钦定”。当老蜂王感觉到蜂巢太拥挤的时候，它就“指示”工蜂筑造一间被称为王台的特殊蜂房，然后它就在王台内产下受精卵，受精卵孵化为幼虫后，工蜂们就用体内酿造的高营养的蜂王浆对它进行特别喂养，用不了多久，这个小家伙儿就发育成新蜂王了，从此开启它的“王者生涯”。为了新蜂王的王者之路能够顺畅，老蜂王就率领一些忠心的工蜂部属去建立新的“王国”了。蜂王一次交配可以终生产卵，但大部分的蜂王终其一生也就三五年的时间，个别的能有个八九年的“王者生活”。

与蜂王相比，只负责繁殖后代的雄蜂就命运多舛了。一个蜜蜂家族内可能有近千只雄蜂，经过“婚飞”竞赛后，只有一只雄蜂获得与蜂王的交配权，这只雄蜂交配后即完成了一生的使命而“陨落”。剩下的那些“求婚”失败的雄蜂，因没有一技之长而备受族群冷落，以致被工蜂们驱逐出蜂巢，只能自生自灭了。雄蜂们不采花粉，不酿花蜜，不喂幼虫，也不干家务，可以说四体不勤，不管求婚成功与否，它们的寿命都很短。

工蜂是一个蜜蜂家族中失去了繁殖能力的雌性个体，它们的卵巢因受蜂王分泌的激素刺激而发育受阻，并且它们大部分时间只能以普通的花粉、花蜜为食，而吃不上营养丰富的蜂王浆，这恐怕也是它们生殖能力不能发育完善的重要原因。工蜂的职责主要是采粉酿蜜、筑巢清洁、喂养幼虫、保卫王国，除了整天忙，有敌情时，还要搏命攻击以护卫蜂群。蜜蜂是不轻易发动攻击的，一旦它用螯针刺入对手的身体，长有倒刺的针就很难拔出，大多数情况下会把针和连着的脏器一起留下，失去了脏器的工蜂很快就会死亡。

“采得百花成蜜后，为谁辛苦为谁甜？”从古至今，世人皆知蜜蜂辛苦采粉酿蜜，为人类提供了蜂蜜等产品，但知道蜜蜂为农作物授粉创造的价值远超酿蜜的却为数不多。蜜蜂的授粉行为可以说是“无心插柳柳成荫”，它们因采花粉酿蜜而间接为农作物实施了异花授粉，这不但能提高农作物的产量，还能提高农作物的质量。蜜蜂授粉是生态链的重要一环，也是实现农业增产的有效措施。然而，由于高毒农药在农田、果林的广泛使用，蜜蜂整群被毒死的现象已不是个例。有些种类的蜜蜂，如中华蜜蜂，在多种植物的生存繁殖方面功不可没。现如今，却由于人类的滥用农药、污染环境、盲目引进“洋蜂”等行为，已在许多地区绝迹了。

“股倦不嫌花粉重，年年只爱子孙多。”“采花酿为粮，仓廪自充实。”蜜蜂是勤劳辛苦的，为我们人类做出了很大贡献，值得我们去赞颂，也更需要我们去保护。

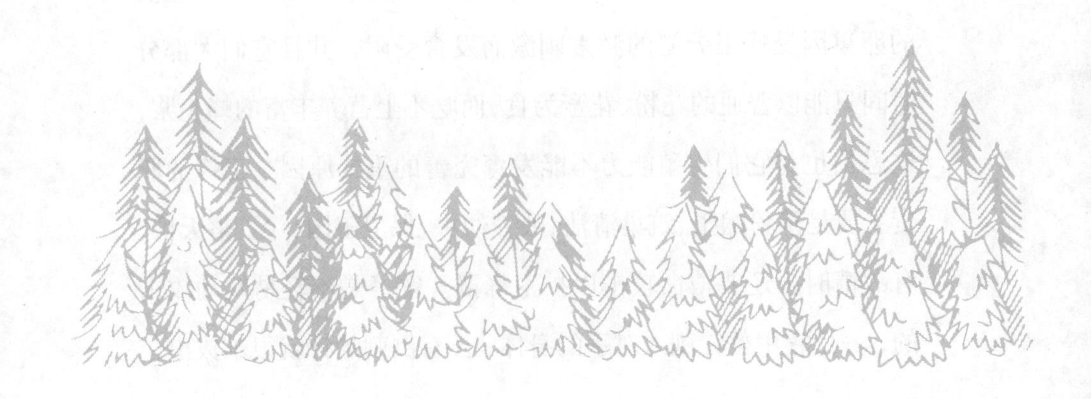

蜻蜓

眼睛最多的昆虫——蜻蜓

>>

蜻蜓是世界上眼睛最多的昆虫，也是视力最好的有翼昆虫。蜻蜓的两只复眼特别大，几乎占据了整个头部，非常突出醒目，无怪乎唐代韩偓在描写蜻蜓时首先从蜻蜓的眼睛着笔：“碧玉眼睛云母翅，轻于粉蝶瘦于蜂。”

昆虫类的眼睛大多是复眼，每只复眼由许多小眼构成，少的几十只，多的能达几万只。蜻蜓是世界上眼睛最多的昆虫，它的每个复眼都有两万多只小眼。复眼的视力一般都不太好，有的只能看个一两米远，而蜻蜓则能看到五六米远处的小飞虫。蜻蜓的每一只小眼都与感光细胞和视神经连着，都可以独立工作，可辨别物体的形状，同时还能联合行动。当小飞虫在眼前移动时，每一个小眼可以依次产生反应，这些反应通过神经传至大脑，经过大脑的复合加工，能迅速确定运动目标的速度。蜻蜓的复眼对运动的物体特别敏感，不但能测速、辨别运动方向，还反应迅速，人眼要看清突然出现的物体需要 0.05 秒的反应时间，而蜻蜓用不了 0.01 秒，比人快了 5 倍不止。蜻蜓的头部能灵活转动，从而带动复眼上、下、前、后转动，所以它们的视觉盲区很小，唯一的缺憾在复眼的上部，在这个区域晃动的物体会让蜻蜓因目不暇接而无所适从。蜻蜓复眼中的众多小眼还有不同的分工，即复眼的上半部负责看远处，下半部则负责看近处，这种分工让蜻蜓的复眼更加高效，判断运动的物体更加及时精准。总的来说，蜻蜓的眼睛判断物体快而准，且几无死角，难怪它一天内能消灭一百多只像蚊子、苍蝇这样的害虫。

蜻蜓是小飞虫们的空中噩梦，但其幼体却生活在水中。

每年夏季是蜻蜓们的繁殖季节，它们常成群结队地在河流、池塘附近飞翔，有的在兴奋地捕食小飞虫，为繁殖储备充足能量；有的在异性身旁飞翔炫舞，只为博得佳偶的青睐。蜻蜓们的各种努力都为了一个目的，那就是确保族群的繁盛。

婚配成功的雌蜻蜓，有的种类立即就开始产卵，有的要等几个小时，更有一些要酝酿好几天的时间。交配后，雌、雄蜻蜓的表现也因种类不同而表现各异，有的是雌、雄蜻蜓分道扬镳，雌蜻蜓独自完成产卵任务，如褐斑异痣蟌，这类蜻蜓的雌性在第一次交配后，很有可能被迫与其他雄性再次进行交配，而且，后来的雄性会用特殊装备清除雌性“前夫”留在其体内的精子，以确保能顺利繁衍自己的后代；有的种类，如碧伟蜓，雌雄交配后仍在一起，等雌性产卵时，雄性则在一旁警卫，一有危险，雄性拉起雌性就飞走；有的种类，如红蜻蜓，交配后雌、雄分开，但不分离，而是形影不离地在水面上飞翔，当雌性产卵时，雄性就悬飞着在附近警卫，一有其他雄性靠近，它就凶悍地驱赶对方。据观察，碧伟蜓喜欢停在水草上面产卵，而红蜻蜓则爱好在飞行中“点水”产卵，点水产卵的方式更灵活，但也会消耗更多的体能，而且这种方式也更容易引来以捕食昆虫为主的两栖类动物们的关注，以致惹来杀身之祸。

蜻蜓把卵产在水中或水草上面，只要环境温暖湿润，这些卵经过一周左右的时间就会孵化为幼虫，再经过十次左右的蜕皮，被称为“水虿”的幼虫就羽化为成虫蜻蜓了。水虿要在水下至少生活几个月，若环境条件不利于羽化，有的在水下要“滞留”七八年的时间。水虿在水下像鱼一样用鳃呼吸，用能弹射缠卷的唇捕食小甲壳动物、蚊子幼虫、小鱼等。它的下颚长了一把像安了长柄似的“老虎钳”，能快速弹出，钳住猎物，捕食效率非常高，可以说“弹无虚发，百发百中”。

蜻蜓是一种古老的昆虫，它们已在地球上生活了三亿多年，至今已繁衍为有五千多种的大族群。它们姿态万千、翔舞轻灵，从古至今深受世人喜爱。“小荷才露尖尖角，早有蜻蜓立上头。”宋代的杨万里在《小池》一诗中对小池里嫩荷上的蜻蜓油然而生的喜爱之情表露无遗。

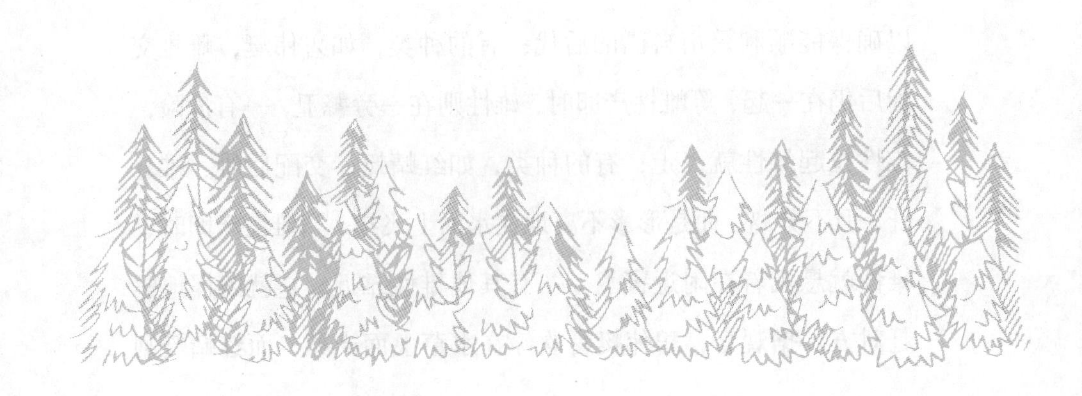

螳螂

“双刀客”——螳螂

>>

不管是成语“螳臂当车”，还是“螳螂捕蝉，黄雀在后”，都与螳螂的“双刀”有关。螳螂因为其装备了“双刀”而赫赫有名，人们因其威武的“双刀”又把它们称为“刀螂”。

螳螂的这两把“大刀”是由它们的两个前肢特化而成的，每一把大刀的刃面都有一排强锐的锯齿，前端更有一个强横的钩子。螳螂可以用钩子钩住猎物，然后再把猎物拽过来，用锯齿紧紧地夹牢，不给猎物一点逃生的机会。螳螂不但拥有两把冷兵器中的“宝刀”，而且还练就了快如闪电般的招式，只要是它们瞄准的猎物，几乎没有能成功逃命的。螳螂不但“兵器”趁手，而且武艺高强，更可怕的是它们还具备“狙击手”的侦察本领和伪装术。螳螂们呈三角形的头部，能任意转动，而且复眼很发达，这就让它们具备了多方向侦察的本事，可以说周边的猎物尽落眼底。不仅如此，螳螂们还是“伪装大师”，不但具有融入环境的保护色，而且它们的体形有的像绿叶，有的像枯叶，有的像鲜花，有的还很像蚂蚁。最传神的拟态当属兰花螳螂，它们若藏身在兰花丛中一动不动的话，就仿如融入湖水中的一滴水，根本无从寻踪，这样的拟态不但能让它们守株待兔地捕猎，还能躲避天敌的攻击。当螳螂们举起两把大刀时，它们可出击如闪电；当宝刀入鞘、神识内敛时，它们又可销声匿迹。它们的这些表现当得起我们真心地夸赞一句：真是天生的猎手啊！

作为天生的猎手，可想而知，螳螂是肉食性的，不管若虫还是成虫都只吃荤，而且大多只吃自己捕猎到的活虫，如棉铃虫、蝗虫、家蝇、蚜虫等。它们所吃的昆虫的种类很多，而且食量很大，捕食期也相对较长，由此可见，螳螂是很重要的农林益虫，可有效防止农林害虫的大面积发生。但是，美中不足的是，不管若虫还是成虫，螳螂们都存在自相蚕食的恶习，尤其是成年螳螂交配后的“妻食夫”现象，给人留下了“臭名昭著”的印象。然而，这种种内的蚕食现象也是自然界正常存在的物种存续的自我保护机制，是为了自我控制种群的个体数量，以防数量过多或过少。不管一个物种的个体数量过多或是过少，都有可能导致该物种灭绝。

全世界的螳螂有两千多种，它们广泛分布于热带、亚热带和温带地区。在中华民族传统文化中，螳螂因其勇武地扬起“双刀”的形象而广受世人喜爱。“飘飘绿衣郎，怒臂欲当辙。”宋代李纲在《画草虫八物　螳螂》一诗中这样赞道。“昂头双眼映林明，会出当车奋臂行。”明代的朱之蕃在《螳螂》一诗中也毫不吝啬夸奖之词。李时珍在《本草纲目》中以白描的手法道出了古人对螳螂的认知：螳螂，两臂如斧，当辙不避，故得“当郎”之名，俗呼为刀螂。

古时，不但文人喜爱螳螂，武术名家对螳螂也是倍加喜爱。据传，享誉武林的螳螂拳就是清代的王朗在细心观察螳螂捕食的一招一式中悟出的象形拳。螳螂拳虚实相应、刚柔相济，用连环紧扣的手法直逼对手，使对手无喘息机会。说起螳螂拳的起源，可以大胆想象一下，若有人再从螳螂捕食的招式中悟出螳螂双刀，是不是武林将更添一门新武艺？那么，“双刀客”的武艺必将世代传承，“双刀客”的威名也必将流芳百世。

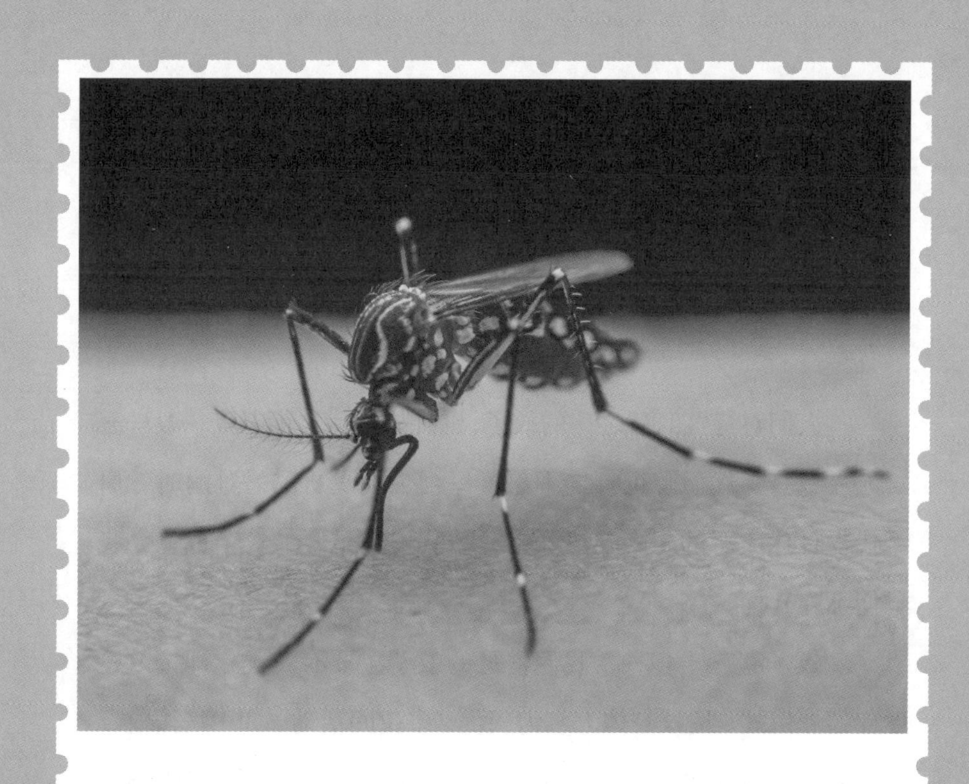

蚊子

扰人叮人的蚊子

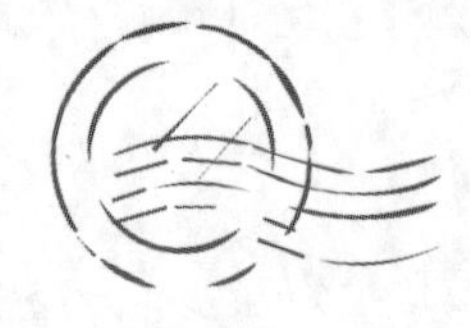

>>

人们对待“四害”之一的蚊子,也犹如对待过街老鼠一般——人人喊打，然而总也打之不尽。每当炎炎夏日酷暑难耐时，唐代皮日休厌恶的“隐隐聚若雷，噆肤不知足”的蚊子也总令我们不胜其扰。

蚊子有三千多种，我们常见的蚊子主要有三类，即按蚊、库蚊和伊蚊。按蚊身体大多为灰色，多夜间活动，如中华按蚊，它的幼虫滋生在大型积水中，如水稻田、沼泽、芦苇塘等区域；库蚊身体为棕黄色，也主要在夜间活动，有八百多种，中国已知的有七十多种，如致倦库蚊、三带喙库蚊，它们是室内最常见的蚊子，也被称为“家蚊”，它们的幼虫滋生在各类水体或容器积水中；伊蚊身体为黑色有白斑，如白纹伊蚊，这就是我们说的咬人比较猛的“花蚊子”，它们喜欢白天活动，在室内、阴凉的地方，即使在白天，我们也经常被它们袭扰，它们的幼虫滋生在天然积水和缸、罐、盆景等小型容器的积水中。

蚊子一般每年的 4 月就开始出现了，这时主要是越冬的蚊子，每年的8月下旬蚊子的活动达到高峰。蚊子是完全变态的双翅目昆虫，它的一生可分为卵、幼虫、蛹、成虫四个阶段。不同种类的蚊子产卵喜好的区域不同，按蚊和家蚊偏爱在水面上产卵，而伊蚊则把卵产在水边。按蚊和家蚊的卵两天内即可孵化，而伊蚊的卵孵化时间略长，需三至五天。蚊子的幼虫称为孑孓，孑孓生活在水中，靠呼吸器呼吸，以水中的细菌和单细胞藻类为食。不同种类的孑孓呼吸器开口的位置不同，库蚊的尾端有一条长呼吸管，呼吸器开口于呼吸管的末端，呼吸时，身体与水面呈一定角度，而尾部垂直水面；按蚊无呼吸管，呼吸器的开口在身体表面，呼吸时，身体与水面平行。孑孓在水中生活十多天后，经四次蜕皮发育为蛹，蛹的侧面有点像豆点状，可在水中游动，但不再摄食，两天后羽化为成虫，破蛹而出的蚊子要等翅膀硬实以后才能起飞。

蚊的喙为刺吸式口器，雌蚊的针状口器发达，能刺入人或动物的皮肤吸取血液，在吸血之前，还会把唾液注入目标的体内，其唾液中含有多种酶，如抗血凝素、溶血素、凝血素等，这些秘密武器让蚊子的吸血行动“手到擒来”；雄蚊的上、下颚已退化，其口器没有发育成锐利的针状，不能刺入皮肤吸血。因此，雄蚊的食物都是花蜜和植物汁液，只有雌蚊子才吸血。雌蚊吸血是因繁殖需要，只有吸饱了血，才能促进体内的卵成熟一批，产一次卵。虽然雌蚊一生只交配一次，但一生可产六至八次卵，每次能产二三百粒，一生就能产一千至三千粒卵。雌蚊能活近百天，有些还可能更长，甚至可越冬，雄蚊的寿命就短得多了，一般十至二十天，交配后一周多的时间就死掉了。

几乎每个人都有被蚊子叮咬的经历，当蚊子叮咬时，就像宋代范仲淹在《咏蚊》一诗中说的那样："饱去樱桃重，饥来柳絮轻。"趁着它吸饱了血，重如"樱桃"时，你如果反应灵敏，一巴掌就能把它拍死；你如果反应慢了，它就能逃之夭夭。但无论怎样，你身上总会留下一个小肿包，痒痒的，很是不爽。这种感觉其实是我们的过敏反应，是因为我们体内的免疫系统在这时会释放一种蛋白质，即组织胺，用以对抗雌蚊留在我们体内的唾液，而这个免疫反应即会引发被叮咬部位的过敏反应，随血液流向该部位的组织胺会造成周围组织的肿胀，并引发刺痒。这种过敏反应的强度因人而异，有些人被蚊子叮咬后会起一个很大的肿包，而且痒得难受，好几天才能消去，而有些人就留下一个小红点，很快就不肿不痒了。

蚊子传播的疾病达八十多种，如疟疾、登革热、黄热病等，是地球上对人类危害很大的一类昆虫，蚊子主要是在雌蚊吸血时传播疾病的。蚊子吸人血，还专门寻找对"口味"的对象下针，在熟睡的人们身边"嗡嗡"地高速振动双翅盘旋飞翔，边飞边依靠近距离传感器感应目标的温度、湿度和汗液内的化学成分。它们对那些体温高、爱出汗的人的体味特别偏爱，因此，即使同床而眠的两个人也有可能出现迥异的结果：一个人一晚上被咬得浑身是肿包，而另一个人可能浑然不觉蚊子的存在。

蚊子不但在酷热的夜晚行动，而且在烦热的白天也有可能会行动。"天下有蚊子，候夜噆人肤。平望有蚊子，白昼来相屠。"唐代吴融在《平望蚊子二十六韵》一诗中也是这种感受。

蟋蟀

善鸣好斗的蟋蟀

》

蟋蟀，也就是我们常说的蛐蛐，因其善鸣好斗，备受世人喜爱。这种喜爱之情，体现在世人给它起的促织、趋织、将军虫、秋虫、斗鸡、地喇叭等众多别称中，在文人骚客的诗文中，蟋蟀更是被咏唱得淋漓尽致。

我国最早的诗歌总集《诗经》对蟋蟀就有多次描写，如《诗经·七月》“七月在野，八月在宇，九月在户，十月蟋蟀入我床下”，对蟋蟀的习性观察入微；《诗经·蟋蟀》“蟋蟀在堂，岁聿其莫”，则表达了由蟋蟀引发的对时光流逝的感慨。“芳草不复绿，王孙今又归。”宋代的袁瓘在《句》一诗中所说的“王孙”，即是楚人对蟋蟀的别称。“莫度清秋吟蟋蟀，早闻黄阁画麒麟。”诗圣杜甫在《季夏送乡弟韶陪黄门从叔朝谒》一诗中也以蟋蟀为喻劝人莫要虚度时光。“梧桐上阶影，蟋蟀近床声。”唐代大诗人白居易在《夜坐》一诗中也以蟋蟀的鸣叫抒怀。南宋爱国诗人陆游更是对蟋蟀情有独钟，数篇诗文皆以蟋蟀入诗感怀。陆游《新秋》：“梧桐败叶飘犹少，蟋蟀雕笼卖已多。”《秋晚》：“梧桐落井床，蟋蟀在书堂。”《岁暮》：“蟋蟀更可念，岁暮依客床。”《感秋》：“画堂蟋蟀怨清夜，金井梧桐辞故枝。”《夜闻蟋蟀》：“布谷布谷解劝耕，蟋蟀蟋蟀能促织。”《客思》：“未甘蟋蟀专清夜，已叹梧桐报素秋。”《感物》：“日出鹁鸪还唤雨，夏初蟋蟀已吟秋。”可以看出，诗人们写蟋蟀多与秋相关。秋风起，天渐凉，叶落枝枯万木衰，多愁善感、情感丰富的诗人们在萧瑟的氛围中，悲秋之情、生命之忧、思乡之愁、相思之苦，诸般滋味袭扰心头，唧唧的虫声萦绕在耳边，此景此声与世人的心绪强烈共鸣，于是乎，蟋蟀这一意象就给诗人们留下了挥之不去的印记。

蟋蟀善鸣，但蟋蟀的鸣声靠的不是口鼻，而是翅膀的振动摩擦。蟋蟀雌虫不会鸣叫，只有雄虫才能唱出美妙的曲调。在蟋蟀雄虫的前翅上，左边的翅膀上长有像刀一样的硬棘，右边的翅膀上长着像锉一样的短刺，振动双翅，相互摩擦，蟋蟀就能“唱”出动听的歌了。蟋蟀鸣叫主要是为了宣示领域、威吓对手、吸引雌性，通过不同的音调、频率来表达。当雄蟋蟀响亮地长节奏鸣唱时，既是在宣示领地，警告别的同性不得入内，又是在向雌性发出婚配的邀请；当雄虫与雌虫相遇时，“唧唧吱、唧唧吱”的短鸣，就是雄虫鸣唱的主旋律了；当有别的雄虫进入其领地时，它就威严而急促地鸣叫，以威吓对手赶紧离开。

蟋蟀好斗，这当然指的是雄虫。蟋蟀营穴居独立生活，只有在交配季节，雄虫才会和雌虫住在一起。当两只雄虫相遇时，不分出胜负绝不收兵，这二位先是竖起翅膀奋力鸣叫，以壮声威，然后就是头抵头试探，接下来就是口咬脚踢，三五回合之后，败者灰溜溜地逃走，胜者则高竖双翅，兴奋地响亮长鸣，得意非常。正是因为雄蟋蟀好斗的习性，从唐代开始，民间就有斗蟋蟀的风习，至宋代达到鼎盛。斗蟋蟀也称“秋兴”“斗促织”“斗蛐蛐”，每年秋末在全国多数地区都有用斗蟋蟀取乐的娱乐活动。

蟋蟀因善鸣可供赏玩，因善斗可以以之搏戏怡情，无怪乎世人皆爱之，但也有因之而玩物丧志的。“金屏翠幔与秋宜，得此年年醉不知。”北宋著名思想家、政治家、文学家、改革家王安石在《促织》一诗中就针砭了玩蟋蟀的时弊；南宋的“蟋蟀宰相”贾似道因蟋蟀而祸国；明朝的“蟋蟀皇帝”朱瞻基因蟋蟀而殃民。我们可以以蟋蟀为媒增进交往、陶冶性情、丰富文化生活，但绝不可沉溺其中不能自拔。

萤火虫

点亮夜空的萤火虫

》

“如囊萤，如映雪。家虽贫，学不辍。”相信读过《三字经》的人都知道“如囊萤”的故事：晋朝的车胤，家中贫寒，常常无油点灯，夏夜里就用白绢袋盛装数十只萤火虫照明读书，后终有所成。车胤囊萤就成了后世人们激励学生刻苦读书的典故。

萤，即萤火虫，是一类能发光的鞘翅目昆虫。全世界有两千多种萤火虫，多在夏季活动于河湖、池塘、农田附近，它们的活动范围一般不会离水源太远。根据萤火虫的栖息环境，可把它们分为陆栖和水栖两大类，大部分萤火虫都是陆栖的，主要生活在植被茂盛、温暖湿润、遮蔽隐秘的区域；水栖的萤火虫对环境的要求相对更苛刻，它们栖息的水环境要清洁无污染，且不能有光污染。

目前已被人们认知的萤火虫种类，它们的幼虫都会发光，幼虫的发光器一般位于第八腹节的两侧，夜间活动时可发光。就成虫而言，有些种类，如弩萤属的萤火虫，雌雄皆不会发光；绝大多数种类雄虫有发光器，而雌虫无发光器或发光器不发达；

少数种类雄、雌虫都有发光器，如台湾窗萤，雌雄都有两节发光器。

萤火虫的发光器由发光细胞、反射层细胞、神经和表皮组成。若把萤火虫的发光器与汽车的车灯相比，发光细胞就像车灯的灯泡，反射层细胞就如灯罩，灯罩能集中反射发光细胞所发出的光，因此，就像照亮前路的明亮车灯一样，萤火虫发光细胞所发出的小小的光芒，经过集中反射后在暗夜中就显得相当亮了。萤火虫的发光是生物发光的一种，它的发光细胞中有两类化学物质：一类是荧光素，另一类是荧光素酶。当神经冲动传至发光细胞，荧光素在荧光素酶的催化下与氧发生反应，释放能量，大部分的能量以光的形式释放，就是我们在暗夜中看到的点点光亮；少部分能量转化为热能，由于这部分热能较少，产生的温度就很低，所以即使我们把萤火虫捧在手中，也不会被萤火虫的光烫到，由此可见，萤火虫发出的光为一种“冷光”。萤火虫发出的光常见的有黄色和绿色，也有红色或橙红色。发光是很耗能的，萤火虫不会整晚都亮着灯，一般只维持两三个小时就熄灯了。

萤火虫发光的目的，主要是求偶。萤火虫成虫的寿命一般只有五天至十四天，这段时间，它们主要为繁衍后代而忙碌奔波。一般而言，在日落一小时后萤火虫们就进入婚恋活跃时段。雄虫的每一次求偶“灯语”会持续约二十秒的时间，这二十秒内，雄虫会闪出或快或慢的“灯语”，等二十秒后，再打一遍“灯语”，它耐心地等待雌虫的“灯语”回应，若等不到回应信号，雄虫再飞往别处继续打“灯语”。在萤火虫常栖息的区域，从日落后至午夜，成百上千的萤火虫闪着灯，照亮了夏夜的天空，令人有炫目而奇幻的感觉。

在中国传统文化中，萤火虫是光明和希望的使者，“玉虬分静夜，金萤照晚凉。含辉疑泛月，带火怯凌霜。”唐代的骆宾王在《秋晨同淄川毛司马秋九咏·秋萤》一诗中对萤火虫的描写饱含了喜爱和赞美之情。“映水光难定，凌虚体自轻。夜风吹不灭，秋露洗还明。向烛仍分焰，投书更有情。犹将流乱影，来此傍檐楹。”唐代李嘉祐在《咏萤》一诗中更是不吝赞美之词。萤火虫还令文人骚客感伤怀忧，白居易“夕殿萤飞思悄然，孤灯挑尽未成眠”，李商隐“于今腐草无萤火，终古垂杨有暮鸦”，杜牧“银烛秋光冷画屏，轻罗小扇扑流萤”，等等，这些大诗人均以“萤”为意象表达了凄凉忧伤的意境。

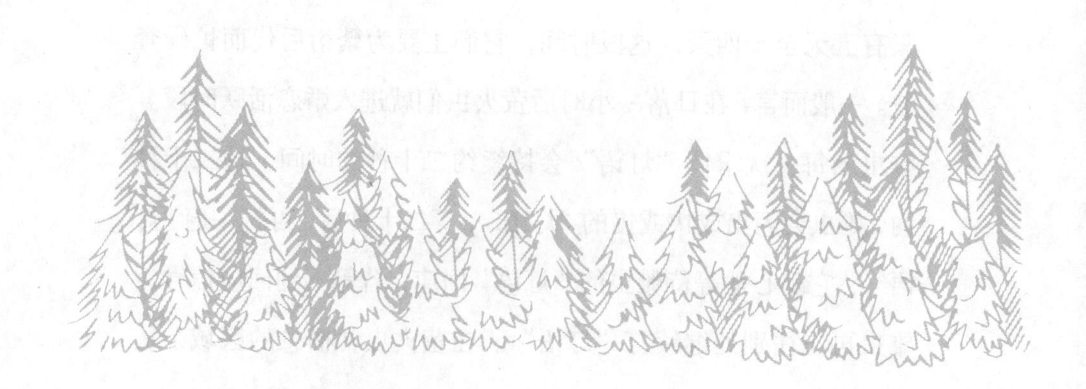

三
鸟类篇
动物秘闻

八哥

口技高手——八哥

>>

八哥通体乌黑，嘴基着生簇状的额羽，乍一看颇有些丑角儿样，虽滑稽逗人，却很难让人生出喜爱之情绪。而且，野生的八哥叫声单调刺耳，正如清代邹祗谟在《玉团儿·教鹦鹉语》一词中所写的："八哥教煞声终鸩。"然而，有的诗人对八哥却是无比喜爱的，"陌上春阴斗八哥，山樊乱落打岩萝。"明末清初的彭孙贻在《春郊四首次百旃韵（其二）》一诗中吟诵的正是这样的喜爱。"侵晓披头出，临窗教八哥。"他在另一首《八哥》诗中更是描写了对八哥的宠爱。

人们之所以对八哥有这样的感情，是因为虽然八哥自己没有悦耳动听的叫声，但却是鸟类中的口技高手，它们能学会十多种鸟的鸣叫，而且还能模仿简单的人语，如"请进""再见""谢谢"等。可能正是由于八哥具备了口技高手的本事，人们才对八哥青睐有加的吧。

当然，要想让八哥掌握这些本事，还是需要下一番功夫的。它学习其他鸟的鸣叫相对简单点，如学百灵、画眉等鸟的鸣叫，只要我们为它创造相对安静的环境，并选好“师鸟”，学会一种鸟的鸣叫，巩固一段时间后便可再学另一种鸟的鸣叫。一般情况下，一只八哥能学会十多种鸟的叫声。调教八哥学人语就相对要下更大的功夫。首先，我们最好从幼鸟就开始调教。其次，我们要通过喂食进行调教，尤其要手递式喂给八哥喜欢吃的面包虫、香蕉等食物，喂食时给以声音信号，训练八哥做一些特定的动作，如上下栖杠等，等八哥能在你的指令下纯熟地完成这些动作后，再开始调教它学说人语。调教其学说人语最好在早上八哥空腹状态下进行，并保持室内安静无干扰。值得重点注意的是，在这个过程中，我们一定要有耐心，千万不能急于求成，等鸟儿学会一句后，要巩固一段时间，直到你一发出指令它就能清晰流畅地说出已学会的词句，再教导其学习下一句。对鸟儿们已学会的话，要让其日复一日地反复练习巩固，以防遗忘，所谓“拳不离手，曲不离口”就是这个道理。

八哥因善模仿而受人喜爱，又因受人宠爱而成为著名的笼养鸟，然而，八哥是重要的农林益鸟的事实却已鲜有人知了。

野生八哥常在林地、农田、牧场、果园等地成群活动，主要吃蝗虫、蚱蜢、地老虎、金龟子等昆虫，常在翻耕过的农地里觅食，有时也站在牛、猪等家畜的背上啄食寄生虫，“夕阳牛背栖未稳，绿阴影里乐如何。”诗人章甫在《鸲鹆图》一诗中就描写了这样的场景。野生八哥成群集聚，生性活泼，在栖息前常七嘴八舌地喧闹不休。有时它们还与椋鸟（八哥的近亲）混群夜宿于竹林、芦苇丛等场所。

因于食性，八哥为消灭农林害虫做出了不小的贡献；因于善学，八哥给人们的日常生活带来了诸多乐趣。无论哪般，八哥都于人有益。目前，八哥的分布还较广泛，尤其在我国南方地区，种群数量相对稳定，因此，八哥还未被列为国家重点保护动物。但是，为了有效保护这种有重要生态、科学、社会价值的“三有”动物，我们还是要做出更多努力，不但不能肆意捕捉，还要保护它们赖以生存的生态环境，让八哥这一自然界的精灵能与人类和谐共生。

黑鹳

白鹳与黑鹳的故事

>>

白鹳和黑鹳都是我国一级保护的珍稀涉禽。它们和其他涉禽一样嘴长、腿长、脖子长，大多生活在沼泽地带，一般以小鱼、小虾为主食。在繁殖季节，白鹳和黑鹳常成对在靠近水源的大树上营巢，用树枝搭建很大的窝，巢内常垫有苔藓及干草。这就是它们的爱之巢了，虽简陋了些，但盛满了温馨浪漫和希望。

动物园的热带鸟馆高大宽阔，屋檐平坦。在这样适宜的环境里生活着众多的珍稀鸟类，其中就有白鹳夫妇和黑鹳夫妇。黑鹳夫妇郎才女貌，相亲相爱，冬末春初时节就开始搭建自己的爱巢。白鹳夫妇的日子却有点儿凑合。实际上，原先的白鹳夫妇也很恩爱，一次偶然的事故，妻子的长喙在笼网上碰掉了一段，从此，白鹳先生就有点儿“陈世美”了，总看不惯妻子有点儿“丑陋”的嘴。因此，白鹳夫妇的关系若即若离，在适合卿卿我我的季节里，也看不到它们筑巢育子。不但如此，有点儿“陈世美”的白鹳先生还看不得黑鹳夫妇的恩爱模样，常瞅准黑鹳夫妇离巢寻找巢材的空当，把它们的巢啄蹬得一塌糊涂。沉醉在甜蜜爱意里的黑鹳夫妇看到自己辛苦搭建的爱巢被别人破坏了，也没有表现出很生气的样子——这可能是因为相爱的人不但富有爱心，也富有宽容之心吧，而是忙碌地去寻找巢材继续搭建繁育后代的窝巢。

看到自己几次的肆意破坏行为并没有激怒黑鹳夫妇，白鹳先生自己也感到很无趣，就停止了骚扰黑鹳夫妇的行为，但对自己的妻子仍是不冷不热。颇受冷落的白鹳女士常孤单地待在角落里，失去了往日的活泼和调皮，白鹳先生仍是东飞西翔，极不安分。但愿来年春天，白鹳先生能收拢浮躁的心，与心伤寡欢的白鹳女士双栖双飞，共建温暖的爱巢，共育子女。

白鹭

美丽浪漫的白鹭

>>

白鹭是美丽的，尤其到了春天。春天是白鹭恋爱的季节，它们用美丽的发丝状的蓑羽（婚羽）把自己的头顶和胸背装扮起来。白居易由此而感慨："人生四十未全衰，我为愁多白发垂。何故水边双白鹭，无愁头上亦垂丝。"那蓑羽似花蕊一般，还能碎化成银屑样的粉状，并能不断生长、破碎，如花蕊般脱落。那洁白的花丝状的羽毛随风飘扬，着实美丽。

白鹭不但很美丽，而且还很浪漫痴情。当秀美的外貌赢得异性青睐后，它们便开始采集树枝，献给自己的"爱人"，以示爱慕。一旦结为"夫妇"，它们便终生厮守在一起。接下来的日子里，它们就用那些爱情的树枝垒起窝巢，繁衍子孙。

由于白鹭美丽、浪漫、痴情，古代文人对白鹭情有独钟，写下了许多诗文，其中最脍炙人口的就是杜甫的"两个黄鹂鸣翠柳，一行白鹭上青天"，宋代徐元杰的"花开红树乱莺啼，草长平湖白鹭飞"。

鹭因其头顶、胸肩、背部皆生长羽毛如丝而被称为鹭鸶。

全世界约有六十种鹭，我国有二十种左右，常见的如白鹭、苍鹭、草鹭、夜鹭、绿鹭、牛背鹭、白琵鹭、黑脸琵鹭、池鹭等，其中广为人知的是白鹭。白鹭有大、中、小之分，它们的区别除体型外，最明显的就是它们繁殖季节的冠羽和蓑羽：小白鹭羽冠及胸、背蓑羽皆有；中白鹭无羽冠，但胸、背蓑羽皆有；大白鹭无羽冠，只在背部有蓑羽。

大白鹭体长五十至八十厘米，体重一至二千克。它们栖息于河、湖的沼泽地区，常结成三至五只的小群到山脚下的湖岸边、河水边、稻田等水域附近的草地上活动，其行动极为机警，见人即飞。杜牧用诗的语言描述了大白鹭的这些习性："雪衣雪发青玉嘴，群捕鱼儿溪影中。惊飞远映碧山去，一树梨花落晚风。"大白鹭飞行时颈常缩成"S"形，两脚向后伸直，缓慢鼓动双翼；行走时也常缩着脖子，一步一步地前进；栖息时，它们常群居于一棵树上。大白鹭的食物主要有软体动物、甲壳动物、水生昆虫等，也吃小鱼、蛙、蝌蚪、蜥蜴等。大白鹭捕食时有个很有趣的习性，它们用脚掠划水面把水搅动，故意惊吓鱼虾，把它们赶出来，然后啄食。它们的这一招数是不是很像我们人类所采用的计谋"引蛇出洞"？大白鹭5～7月进入繁殖期，营巢于靠近水源的树上，常常集大群营巢，有时一棵树上有数个大白鹭的巢。其卵呈天蓝色，重约三十克，雌雄亲鸟共同承担孵化任务，孵化期为二十五至二十六天。大白鹭的雏鸟是晚成性，双亲共同抚育，一个月左右离巢，9～10月随群体迁往南方越冬。

大白鹭分布于欧洲、亚洲、非洲及北美洲，在我国见于东北、华北等地。大白鹭在山东省为夏候鸟，4月中旬至9月下旬，在胶东丘陵区、鲁中南山地丘陵区、鲁西北平原区、鲁西南平原湖区等地能见到少量个体，是国家二级保护动物。

“拂石疑星落，凌风似雪飞。”“白鹭儿，最高格。毛衣新成雪不敌，众禽喧呼独凝寂。”白鹭美丽而高洁，文人因之生灵感,画家为之挥彩笔,人们对它的喜爱之情无法用语言表达，那就把它选为“市鸟”吧，至今已有厦门市、济南市先后把白鹭定为市鸟。

白鹇

高雅素丽的白鹇

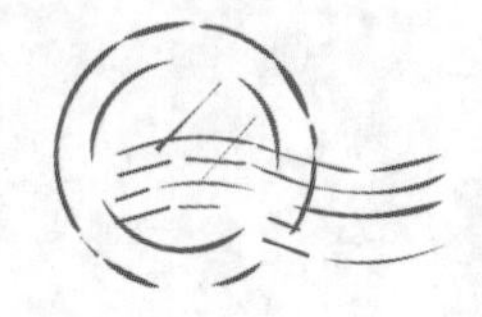

>>

动物园嘤鸣馆和孔雀园里生活着一群白鹇，它们的模样雌雄差别很大。雄性，红红的面容，蓝黑闪亮的头饰，还有点缀着细弱黑纹的白色披风，让人顿生清新雅致的感觉。“山鸡形状鹤精神，纹似涟漪动白蘋。”北宋魏野的一首《白鹇（其二）》写尽了雄性白鹇的美。雌性则通体褐色，毫无美感。这种“男生”爱美、“女生”朴实的现象在鸟类世界里是一个普遍法则。

在野外，白鹇喜欢无拘无束的生活，几只或几十只兴趣相投者聚集在一起，终年生活在深山密林中。它们颇讲究饮食，平时只吃一些植物的果实和种子，吃腻了就逮点儿昆虫尝尝，如果能吃到爽口的白蚁那是再好不过了。

白鹇喜欢静，造物主却偏偏给了它们灵敏的视觉和听觉，你说这有多烦人。然而，白鹇们有自己的对策，一有惊扰它们就狂奔，飞逃至高远宁静的山顶，躲开那些讨厌的东西，颇有隐士之风。“青萝袅袅挂烟树，白鹇处处聚沙堤。”李白就很羡慕白鹇的娴静生活。

白鹇成对或小群活动，活动时很少吵闹，仅闻其踩踏地面的“沙沙”声，群内有较严格的等级关系。平时平和安静的白鹇们到了繁殖季节却一个个火气很旺，尤其是那些自以为是的“男人”常发生激烈的争斗，它们把脚后锋利的距当成匕首，凶狠地刺伤那些敢与其争夺配偶的对手——它们平时可都是很谈得来的好朋友啊！这真是“冲冠一怒为红颜”！

在分类上，白鹇属于鸡形目、雉科，主要分布于我国南方地区及缅甸、泰国等地，野生数量已不多，在我国被列为国家二级保护动物。

白鹇是画家钟爱的模特，它们高雅素丽的姿态让人们浮躁的心能感受到祥和与宁静。“把酒惜春都是梦，不如闲客此闲看。”“百年风物今何似，春水晚烟飞白鹇。”苏轼、文天祥在诗中都表达了这种心境。

戴胜

美丽低调的戴胜

>>

戴胜是一种美丽的鸟，很多人却不熟悉它。

那斑斓的羽衣，高耸的羽冠，纤巧的体态，以及飞行时如蝴蝶一般的轻盈袅娜，都能给人以美的享受。贾岛有诗赞曰："星点花冠道士衣，紫阳宫女化身飞。能传上界春消息，若到蓬山莫放归。"

戴胜是美丽的，可它的名声却不怎么好。

传说古代有一个好吃懒做的少妇，每天不愿干洗衣扫地、做饭刷锅这样的家务活，却整天梳洗打扮得花枝招展，后来她因丈夫长时间出门在外无人做饭而饿死，死后变成了一只鸟。变成鸟后的她依然懒劲十足，巢内到处堆积着粪便也不清理，以致臭气冲天，人们因此都叫她"臭姑鸪"。

其实，戴胜只在育雏期间才这样。那段时间，老鸟、幼雏均将秽物堆积在巢内而不清理，再加上雌鸟尾脂腺分泌一种油性恶臭液体，弄得四周都臭烘烘的。只要它们住过的树洞，别的鸟都不愿再住，至少，短期内不会有其他鸟来此安家。

野生戴胜是一种分布比较广泛的鸟，遍及全国，在长江以北为夏候鸟，长江以南为留鸟。它们栖息在开阔的田园、郊野的树上，常在菜圃、果园的地面行走觅食，用它那长而弯曲的嘴挖掘地下害虫，受到惊扰即飞向附近的高处。一般情况下单独活动，也成对生活。它头上的冠羽平时是收拢在一起的，激动时便迅速展开，宛如孔雀开屏。它的叫声三声一度，由高而低且极快，同时冠羽耸起，引颈鼓喉，频频点头。戴胜的食物主要是金针虫、天牛幼虫、蝼蛄、行军虫等农业害虫，因此，它们对农林业生产有颇大的贡献。

戴胜与人的关系密切，因此，被冠以许多别称，如花蒲扇、鸡冠鸟、咕咕翅、臭姑鸪等，其中以臭姑鸪最流行，也就是说它的“臭名”流传甚广，大名却少有人知。然而戴胜在文人的笔下却被描写得清新脱俗，明代陶宗仪的诗“片片疏翎列顶旗，娟娟文羽揽春辉。边庭大将能知汝，献捷封侯戴胜归”，写的就是戴胜。

丹顶鹤

仙禽丹顶鹤

>>

在人们的印象里，丹顶鹤不是一种普通的鸟，它别号“仙客”“居士”，又有“仙鹤”之称。在道教文化里，它是得道真人的坐禽，真人故去被看作“驾鹤西游”。清代韩韫玉的《咏鹤》诗：“丹顶玄裳白羽轻，芝田旧日得仙名。生来云水原天性，望里蓬壶是去程。代远每过千岁寿，露寒常向九皋鸣。不随卫国乘轩队，稳卧松巅梦太清。”把古人对丹顶鹤的认识总结得诗情画意。

丹顶鹤是一种大型涉禽，因其头顶皮肤裸露呈朱红色而得名。它的喙长，呈淡灰绿色，躯干羽毛雪白，双翅的初级和三级飞羽黑色，故有“白羽黑翎，丹顶绿喙”之说；它的腿细长，走起路来昂首阔步，仰面朝天，真好似“闲庭信步”，一副高贵矜持的模样。

丹顶鹤寿命五十至六十年，在鸟类中算得上长寿了，画家们也常作“松鹤图”表达对长寿的祝愿。其实丹顶鹤栖息于河湖边、芦苇荡的沼泽地区及水草繁茂的溪流湿地，跟松树根本沾不上边，但人们还是很乐意接受这种美好的祝愿。

丹顶鹤体态优雅，性情娴静，尤其在繁殖季节，雌、雄丹顶鹤常常相对翩翩起舞，引颈长鸣，这样壮观的场面常引得一些以鹤为友的古代文人诗兴大发。刘禹锡的“晴空一鹤排云上，便引诗情到碧霄”，可谓兴致高涨；储光羲的“舞鹤傍池边，水清毛羽鲜。立如依岸雪，飞似向池泉。江海虽言旷，无如君子前”，简直把鹤当作可引为知音的君子。古人还常把丹顶鹤当作闲云野鹤、耐不得束缚的高人隐士，有欧阳修的诗为证：“樊笼毛羽日摧摧，野水长松眼暂开。万里秋风天外意，日斜闲啄岸边苔。”因此，不得志时常以鹤为伴。“误向丹丘共羽流，多情今得此亭幽。长鸣似与高人语，屡舞谁于醉客求。”你看明代邵宝的这首《鹤舞》是不是很能表达一种情绪。

丹顶鹤主要分布于我国东北部、俄罗斯东部、日本北部、朝鲜东部，为世界瞩目的珍禽，是我国的一级保护鸟类。在野外，它们常成对或以三至四只的小家族方式一起活动，喜涉水，常到溪流、河湖边觅食。丹顶鹤是杂食性鸟类，主要以鱼类、甲壳类、软体类、昆虫类、蛙类及小型鼠类为食，也啄食禾本科植物的根、茎、叶、嫩芽及种子，进食时常啄食一些砂石、泥土进入砂囊以帮助磨碎食物。它们每年 10 ～ 11 月飞向南方，在长江中下游的江苏、浙江、安徽等地越冬，翌年 3 月陆续从南方越冬地飞回北方故乡繁衍后代。它们 4 ～ 5 月进入繁殖季节，求偶期间雌、雄鸟常双双不断地跳跃起舞，引颈长鸣。雄性首先向雌性发出“咯——咯”单音的求偶声，雌性随即迎合着发出“咯咯——咯咯”双音的叫声，声音清脆洪亮，尤其在早晨和傍晚时叫声更加嘹亮，可传至两公里以外。《诗经》上说："鹤鸣九皋，声闻于天。"丹顶鹤之所以鸣声响亮，是因为它的气管比较特别，不仅长而且穿入胸骨内盘曲多圈，这种现象在鸟类中比较罕见。丹顶鹤的巢穴一般营造于芦苇的深处、人和大型兽类很难到达的靠近水的地方。它们在产卵前的几个小时才开始营巢，一般雄、雌鸟共同参与，初期的巢很简陋，以后逐渐改善。产卵前双亲又是用喙啄又是用爪抓地把由它们带大的幼鹤驱赶出巢区。被双亲赶出家门的小鹤们结群活动，待到向越冬地迁徙时，它们可以重新回到家族中一起迁飞。丹顶鹤每年产一窝卵，雌、雄鸟轮流承担孵化任务，但以雌鸟为主。孵卵时，一只坐孵，另一只在巢穴周围警戒、觅食。雏鹤出壳前，先用喙将坚厚的卵壳啄一个小洞，然后逐渐扩大，双亲在一旁站立不安地守候着。丹顶鹤的幼雏为早成雏，一出壳即能睁开眼睛，二至三小时后能挣扎着站起来，一天后可进食，两个月后能随双亲出巢穴觅食。随着月龄的增加，小鹤们的身体逐渐强壮起来，亲鸟便领着幼鹤离开巢区，到远处游荡、觅食，晚上在临时筑起的巢穴中过夜。当遇到敌害时，一只亲鸟照顾幼鹤，另一只迎击敌人，直到把敌人赶走为止。幼鹤四岁后即可参加繁殖了。丹顶鹤的天敌有鹊鹞、白头鹞、白尾鹞等，这些空中"强盗"还常破坏丹顶鹤的卵。

"丹顶宜承日，霜翎不染泥。"丹顶鹤高贵、美丽、可爱，是历史上公认的一等文禽，也是国人最中意的候选国鸟。

鸿雁

家鹅的祖先——鸿雁

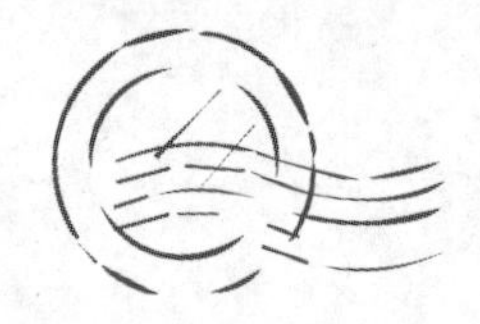

>>

“长风万里送秋雁，对此可以酣高楼。”“戍鼓断人行，边秋一雁声。”“塞下秋来风景异，衡阳雁去无留意。”李白送别友人、杜甫怀忆兄弟、范仲淹边塞思念家乡，这些动情时刻，鸿雁一队队迁飞的身影缭绕在诗人们的心头，一声声“嗯——嗯——”的鸣叫拨弄着他们的心绪。

鸿雁有迁徙的习性，春季在北方繁殖，秋天飞往南方越冬。迁徙时常结成大群一起迁飞，在空中常呈“一”字或“人”字形整齐的队列，徐徐前行，时而高声鸣叫，蔚为壮观，引人遐思，让人印象深刻。无怪乎古代文人们会因此景而动情，写下诸多感人肺腑的不朽诗篇。

鸿雁的警惕性很高，集群休息时常派出多位“哨兵”站在高处瞭望警戒，一有异动，发现敌情的“哨兵”即高叫一声飞走，其他同伴也闻讯即飞。刚开始时，整个雁群因突闻警迅而有些慌乱，场面上有些闹哄哄的杂乱，可一旦飞到高空躲开了危险，雁群就又列队整齐了。

每年的 4 ～ 6 月是鸿雁的繁殖季节，它们常把巢营造在人迹罕至的水岸边、沼泽地或芦苇丛中，成对营巢，雌雁负责孵卵，雄雁负责警戒保卫。幼雁出壳后由双亲共同带领，或游水或觅食或休憩，遇到危险时，双亲中的一只负责把雏雁就近藏在草丛中或带领雏雁游向远处，另一只则视情况或驱敌或诱敌，以掩护家人。

呼伦贝尔是我国最大的鸿雁繁殖地，每年有两万多只鸿雁来此栖息繁殖，因此，该地被称为“中国鸿雁之乡”。每年的 7 月是鸿雁持续约一个月的换羽期，换羽期间，鸿雁的飞羽几乎全部脱落，失去飞翔能力。这段时间，数以千计的失去飞翔能力的鸿雁在“鸿雁之乡”靠着呼伦湖、贝尔湖及乌兰诺尔湿地的庇护，躲避开敌害，填饱肚子，艰难地度过对它们来说最困难的时期。换羽期结束后，幼雁即使没有了父母的呵护也能独立生活了，鸿雁们则以家族为群抓紧有限的时间采食，为南飞储备体能，9 月中旬即开始飞向长江中下游的越冬地。

鸿雁主要以草本植物的叶、芽为食，在繁殖季节，也吃一些甲壳类和软体动物，冬季对农作物有一定危害。它们大多在傍晚和夜间采食，清晨返回湖泊、江河等干扰相对较少的栖息地休息、游水。

在中国，家鹅是由鸿雁驯化而来的，而欧洲家鹅的祖先则是灰雁。只要用心观察，你会发现家鹅还保留着许多野生鸿雁的习性。比如：家鹅仍然很喜欢群体生活，一旦离群会高声鸣叫；家鹅仍然很喜欢在水中嬉戏、觅食和求偶交配；家鹅主要以青草等植物性食物为主食。野生鸿雁的寿命一般在二十年左右，家鹅的寿命就要长一些，一般二十五年左右，也有三十多年的，个别的能活近五十年。

鸿雁是家鹅的祖先，也是传统的狩猎鸟类，一度数量庞大，“嗷嗷鸣雁鸣且飞，穷秋南去春北归。”引发唐代韩愈诗情的场景年年常有，然而由于围湖造田等导致的越冬和繁殖环境的丧失、剧毒农药滥用造成的环境污染及过度捕猎等原因，鸿雁的种群数量不断下降，已被列入世界濒危鸟类名录和我国的重点保护野生动物名录。唐代李益说：“江上三千雁，年年过故宫。”要想这样的雁阵年年有，需要我们下大功夫去保护鸿雁和它们的栖息环境。

花尾榛鸡

被叫作飞龙的花尾榛鸡

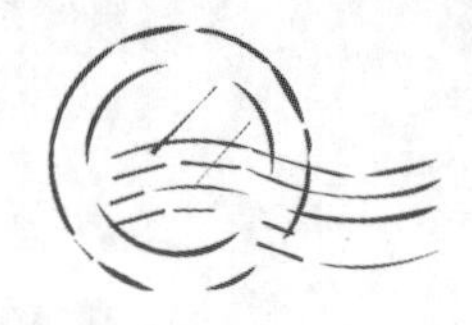

>>

提到花尾榛鸡，可能很多人不知其为何鸡，若说起它的俗名——飞龙，可以说尽人皆知。

花尾榛鸡为何被人叫作飞龙，众说不一，有说是由其满语名字“斐耶楞古”的谐音而来；有说是因其颈骨长而弯曲似龙骨，且爪面有鳞似龙爪，才得名的；还有说它是西王母的“飞龙侍者”，因而得名。笔者认为：花尾榛鸡腹背的羽纹颇像鳞片，又长有支棱似角的羽冠，且能飞翔或滑翔不短的距离，它在空中的形象远看似龙一般，因此，人们才叫它“飞龙”的吧；再加上它的肉鲜嫩味美，早在清朝早期就有记载它被列为皇室贡品，专供皇族食用，是名副其实的“天上龙肉”，这恐怕也是人们叫它“飞龙”的另一个原因吧。它还是国际上著名的狩猎鸟。

花尾榛鸡是典型的森林鸟类，在中国主要分布在东北地区，尤其在大兴安岭和长白山地区的森林里最为常见。它们大部分时间都在树上度过，又被叫作“树鸡”。一般情况下，它们静静地待在树上，很少鸣叫吵闹，再加上它们披着一身类似树皮的“保护服”，人们即使从树下走过，也很难发现它们。若这时有人观察到它们，可以看到它们紧贴树枝一动不动；当人们走远后，它反而会挺直脖子四处观望，观察是不是危险解除了。但是，当有很大的动静让它们感到危险时，它们会依靠其熟练掌握的滑翔技术逃到五十米开外的地方。当它们在树下漫步时，一遇到危险，它们会疾跑几步再起飞，但是，也只是飞落到几米远的低树上，等有人靠近了再飞走。花尾榛鸡在雉鸡类家族中算是飞翔能力比较强的了，但是，若在地面上起飞，它们最多也只能飞出去二十多米远。东北地区的冬季，遍地铺厚雪，白天它们靠着爪上的栉状缘在冰滑的树枝上自如地活动，晚上休息时就钻进地面的雪窝里躲避严寒。

平时，它们成小群活动，到了雪融春来的季节，进入繁殖期的花尾榛鸡大多是一雄一雌的单配家庭。这一时期，雌性一般很安静，雄性为了获得雌鸟的青睐，会跳起华丽的独舞：张开纹路斑斓的尾扇，垂下绚丽的双翅，耸起傲娇的冠羽，围绕着心慕的雌鸟划动双翅不停地慢跑，地面被它坚硬的飞羽划出道道浅沟。一番表演，几多感动，两情相悦后的花尾榛鸡就开始筑起爱巢了。它们的巢比较简陋，常常是在树根旁或倒木下的地面上扒个不大的浅坑，以枯枝、落叶垫底，再铺上一些干草、松针就建成了爱的温床。花尾榛鸡一般一窝能产十枚左右的卵，孵卵的任务由雌鸟独自完成，这期间，除了晨昏短暂的离开觅食，雌鸟要在巢中坚守二十五天左右，其耐心、坚韧真是令人佩服！在孵卵期间，即使有天敌离巢很近了，只要不发起攻击，任劳任怨、坚韧护巢的雌鸟也自岿然不动。

花尾榛鸡的食物还是比较广泛的，它们采食三十多种植物的嫩枝、嫩芽、果实和种子，还会采食十余种动物性食物。冬春季节，食物匮乏，为了充饥，它们只能采食一些阔叶树的树芽，尤其喜欢啄食白桦树、柳树和杨树的树芽。夏秋季节，食物丰富，松子、橡子、榛子和各类浆果，还有蜗牛、蚂蚁及卵等动物性食物都是它们的美食。

恐怕也正是以上这些美食的养育，才让花尾榛鸡肉质鲜美，才让人们给它起了个“飞龙”的雅称，才让其成为著名的“岁贡鸟”“狩猎鸟”，才让人闻“飞龙”之名而垂涎欲滴，以至于为它们招来了杀身之祸吧。

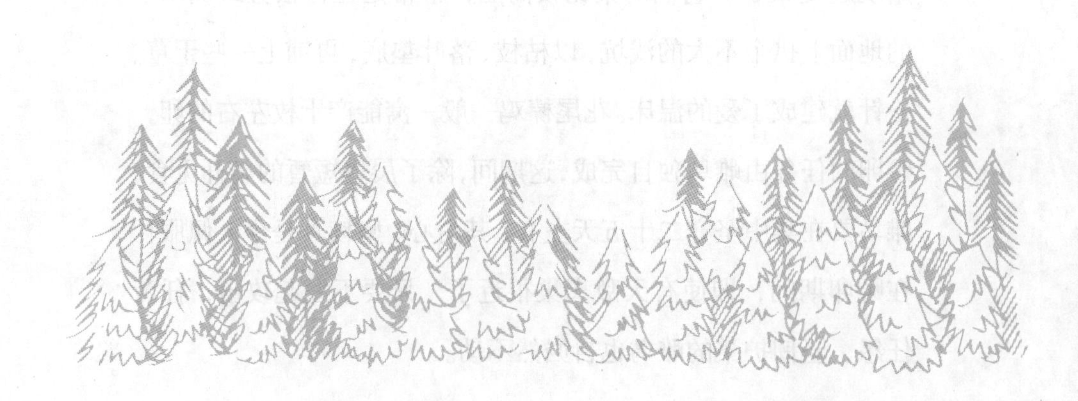

黄鹂

靓丽善鸣的黄鹂

>>

在鸟类大家族中，一般来说，善于鸣叫的鸟类，大多羽色灰暗，而体羽斑斓的鸟儿们大多不善鸣唱，像黄鹂这样，既羽毛绚丽又鸣声悦耳的是为数不多的极品。“两个黄鹂鸣翠柳，一行白鹭上青天。”诗圣杜甫的诗句让我们从小就记住了黄鹂这个名字。

黄鹂鸟很机警，大多在隐蔽性较好的枝叶间活动，一有惊扰即直飞而去。在繁殖季节，黄鹂常在枝叶间鸣叫，尤其是清晨时候叫得更是起劲儿，它们的叫声听起来像是“ku—ku—li—ku—ku”，有时还会模仿其他鸟类的叫声，声音清脆悦耳，极富韵律感。“独怜幽草涧边生，上有黄鹂深树鸣。”唐代韦应物在《滁州西涧》一诗中就描绘了一幅有黄鹂入画的画卷：当诗人正在闲适地欣赏涧边青草时，耳中又闻树丛深处的黄鹂在婉转鸣唱,动静相应的情景,深深拨动了诗人恬淡而伤春的心弦。笔者认为，在这幅画卷中，在枝叶间鸣唱的黄鹂是引人入胜的主景。

黄鹂是一种树栖鸟类，基本不到地面活动，也很少飞到树的顶部，大部分时间在枝叶间跳跃、穿飞，觅食昆虫，采食浆果。它们捕食的昆虫大多是农林害虫，如天牛、米象、蝗虫等，为了哺喂雏鸟，每天要捕捉几百只害虫，整个繁殖期消灭的害虫数量惊人，因此，黄鹂是当之无愧的农林益鸟。

每年暮春季节，黄鹂常在高大树木平展的枝杈间筑巢，这一工程是由雌、雄黄鹂共同完成的。筑巢前，雌、雄黄鹂常在树丛间相伴飞翔，寻找合适的筑巢地点，一旦选定目标，雌、雄黄鹂或相对鸣叫，或相伴飞翔，或驱赶同类，或形影不离地栖息，一番努力后，即完成了巢区的建设。一般在5月下旬，雌、雄黄鹂开始不辞辛劳地叼来树皮、麻丝、草茎、棉絮等在枝杈间编织巢窝，巢呈吊篮状，致密结实。雌鸟在巢中产下四五枚粉红色杂有玫瑰色疏斑的卵后即开始独自孵卵了，约半个月后，雏鸟破壳而出。出壳后的雏鸟由双亲轮流捕捉昆虫来喂养，每天喂食多达百次。夜间，雌鸟在巢中陪伴雏鸟，雄鸟则在附近的树枝上栖息守护。在巢中哺喂的时间也需半个月左右，之后，幼鸟还要在双亲的照料下进行飞翔、捕食练习，半个月左右的练习，翅膀硬了，也能熟练捕食了，小黄鹂们就开始了自己的独立生活。

黄鹂是雀形目黄鹂科黄鹂属鸟类的统称，其中黑枕黄鹂是我们常见的种类。黑枕黄鹂在我国大部分地区为夏候鸟，每年4～5月迁到我国北方繁殖，9～10月向南方迁飞，在我国台湾、海南岛为留鸟。黑枕黄鹂羽色以炫目的黄色为主色，间以头枕、翅缘的深黑，黄黑相衬，夺人眼目；鸣声清脆婉转，余音绕梁。

这样极品的鸟类自然是人见人爱,因此,它也成了著名的笼养鸟,也正因如此,野外的黑枕黄鹂屡遭捕捉,公园内、花园里已难觅其踪。

黄鹂是美丽的,也是脆弱的,只有我们共同去保护这些大自然的精灵,像“漠漠水田飞白鹭,阴阴夏木啭黄鹂”这样的美景才能常现。

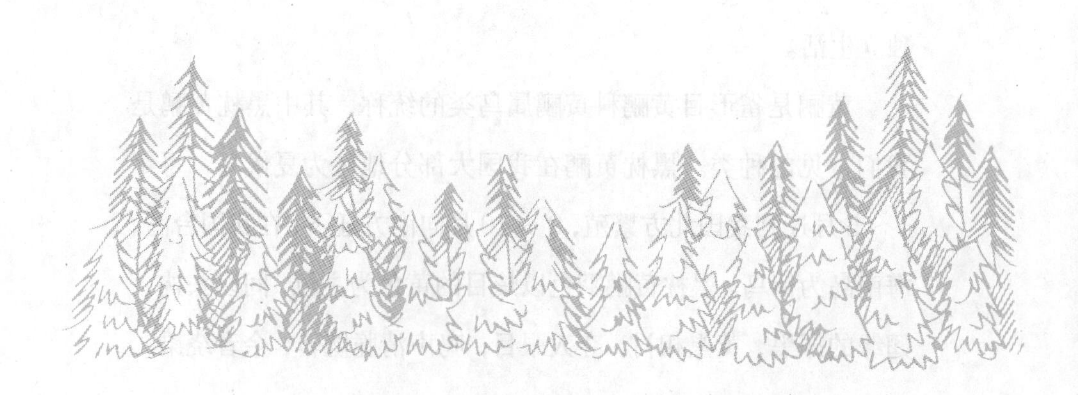

火鸡

霸道的火鸡

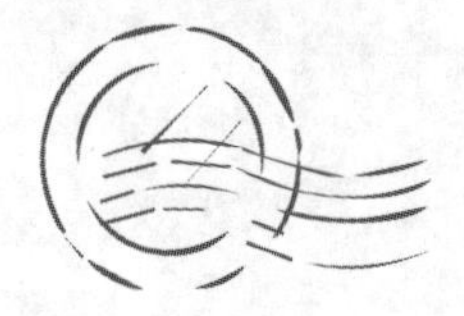

>>

动物园的孔雀园中有一群很奇特的鸡，群中的个体要么纯白，要么纯黑。它们一个个体态丰满，高大魁伟，头顶及喙下裸露无羽，皆披垂下多褶皱的红珊瑚样肉垂，就像从喙中吐出的绶带，“吐绶鸡”的学名也就由此而来，即我们常说的火鸡。

这十多只火鸡可是孔雀园中的霸主。不论爱吵闹的珍珠鸡，还是斯文的孔雀们，在它们面前都得俯首称臣。

是霸主就有许多特权：进餐时，先吃；好吃的，多吃；舒服的地方，多占……

是霸主就有霸主的脾气：反复无常，暴戾多疑。春节期间，群中的两个同伴儿出去待了半个月，回来后，就失去了往日的地位，受到群中其他个体的联合攻击。它俩被啄得东躲西藏，跌跌撞撞，若不是管理人员及时强硬地把它们分开，这两个往日不可一世的家伙很有可能就一命呜呼了。火鸡们不但脾气无常，脸色也多变，平时，肉垂胀大，全红，不紧不松；气到急处，甚或全紫；害怕时，肉垂皱缩，颜色苍白。人们又戏称它们为“七面鸟”。

在其他同类面前，火鸡们霸道凶横，然而它们早就成了人们的盘中美味。火鸡原产于美洲，很早就被当地的印第安人饲养驯化为家禽。后来，火鸡被引入欧洲，成为家禽，人们在感恩节时会吃烤火鸡，圣诞大餐也少不了火鸡。

现今，野生的火鸡已濒临灭绝，如不加保护，这种奇特的鸡将在野外绝迹。目前，我们国内所展出的黑色、白色火鸡都是家养品种。看来，人类才是自然界的“霸主”。

鹩哥

巧嘴鹩哥

>>

世人皆知八哥巧，不知鹩哥更占先。八哥之名家喻户晓，提起鹩哥，没有养鸟爱好的朋友恐怕知之甚少。

鹩哥和八哥都属于雀形目椋鸟科，二者最明显的区别是鹩哥头后部左右两侧各有一块黄色肉垂，而八哥没有。

鹩哥又名秦吉了、秦吉鸟、海南八哥。提起“秦吉了”之名，还有一段典故：昔有一男子与一女子相爱，书札相通，皆凭一鸟往来。此鸟殊解人意，忽一日对女子曰：“情急了！”因名此鸟为“情急了”。宋代罗愿《尔雅翼》卷十四云：“秦中有吉了鸟，毛羽黑，大抵如鸜鹆（八哥）。”据此可知，此鸟原名吉了，出自秦中，故名“秦吉了”，后讹为“情急了”。

鹩哥善于鸣叫，声音优美动听，并能模仿其他鸟的叫声，声调极为逼真；笼养时，经过训练可模仿人类简单的语言，深受人们的喜爱。李白叹道：“安得秦吉了，为人道寸心。”白居易赞曰：“耳聪心慧舌端巧，鸟语人言无不通。”明朝的高启更是把它写神了：“不独能言异凡鸟，最爱佳名呼吉了。雕笼几度学鸡鸣，惊起烟花六宫晓。驾来别院未知迎，先听遥呼万岁声。愿把春风一杯酒，从今莫听上林莺。”诗中的那句“驾来别院未知迎，先听遥呼万岁声”，是不是有些像电视剧《还珠格格》中的一个场景：鹦鹉喊道“老佛爷驾到”，吓得漱芳斋众人慌乱如惊弓之鸟。据卢浩泉等著的《笼鸟的饲养与繁殖》一书载：1957年在上海中山公园举办的春花笼鸟展览会上，有一只鹩哥能效仿京剧《女起解》中的“苏三离了洪洞县……”颇有音韵。济南动物园也曾有过一只会说话的鹩哥，“你好”“叫你说话你不说话”等短句从它的舌下滑出也颇流利清晰。

前面曾说到鹩哥比八哥的嘴更巧，这是一点不错的。训练八哥讲话要先用小剪刀或点燃的香把其舌尖修圆，而训练鹩哥则无须捻舌。训练鹩哥要选较健壮的幼鸟，最好在早晨，找僻静的地方，每天教两个字的发音，学新字的发音时要与已学过的字音联系起来，反复加强训练，循序渐进，几周后就能学会讲一些简单的话了。值得一提的是，鹩哥在饥饿时学话最容易，但教完后要喂给它可口的食物，如香蕉等以示奖励，这就是人们训练动物所利用的原理——条件反射。

我国的野生鹩哥主要分布于云南、广西和海南；国外分布于印度北部等。它们生活在常绿阔叶林中，常三至五只结群飞到田野觅食。它们为杂食性鸟类，吃植物的叶、果实、种子，也吃各种昆虫、软体动物，甚至还啄食家畜身上的寄生虫。笼养鹩哥的饲料有鸡蛋炒大米、大米饭、面条、豆腐、瘦肉末、虾、小鱼、香蕉、蚱蜢等。3～5月鹩哥进入繁殖期，它们在老而枯朽的树洞中铺上细枝、枯叶、野草等，便有了用于繁衍子孙的巢。笼养条件下的鹩哥繁殖比较困难，也正因为此，家庭养鹩哥的并不多，这也是鹩哥不能广为人知的重要原因。

猫头鹰

被叫作夜猫子的猫头鹰

»

我国民间常把猫头鹰叫作夜猫子，还有“夜猫子进宅，无事不来”这样的俗语，把猫头鹰当成“不祥之鸟”、报丧鸟。宋代的陆游在《夜雨》中吟道：“残缸待鸡唱，倦枕厌枭鸣。”对枭（即猫头鹰）这种“不祥之鸟”满心厌恶。他在《耕桑》一诗中也表露了这样的感情：“月落枭鸣夜，灯残鼠啮时。”把猫头鹰和人人喊打的老鼠并列了。

其实，人们之所以对猫头鹰有这样的认知，是与其形象和习性分不开的。猫头鹰眼周的羽毛向外呈辐射状，形成了眼窝深陷的大面盘，不能转动的眼球直勾勾地盯着你，短而侧扁的嘴钩曲着，活脱脱一副传说中的恶鬼样。它们昼伏夜出，因羽毛松软而飞行无声，因在夜间视觉强悍而闪电出击，猎物一击即中，很少落空，而且常把猎物整个吞下，这些无不给人以狠厉鬼魅的印象。猫头鹰叫声凄厉，在无月的夜晚，在旷野林缘，听到这样的叫声常令人毛骨悚然，浑身汗毛竖立。

猫头鹰视觉敏锐，尤其在夜间，是因为它的瞳孔很大。毋庸置疑，这样的瞳孔收集光线的能力肯定很强，虽然它因视网膜没有视锥细胞而是个色盲，但是，它视网膜上的视杆细胞却很多，即使在弱光下它也能眼明心亮。然而，这种优势也为它带来了不便，那就是它不能向不同方向转动眼球，要看向不同方向，需要整个头部一起转动。为解决这一难题，猫头鹰在进化过程中发展出了另一个长项——灵活的颈骨，它的头部能在二百七十度的范围内自由转动。为了看清猎物，猫头鹰需要经常转动头部,这一动作对它们来说再正常不过,但是在人们看来，就有些鬼魅异常了。由于没有视锥细胞，在夜间活动游刃有余的猫头鹰，在白天就有些行动不便了，若你强迫它在白天飞行，它们就如醉酒般趺趺撞撞，根本就找不到北。猫头鹰的这些行为表现，恐怕也是人们不喜欢它们的原因吧。

猫头鹰主要捕食鼠类，有时也用昆虫、小鸟、鱼等小动物打打牙祭。它们的消化能力不是一般的强，因为它们的嗉囊就像第二个胃一样也能消化食物，正是有了这一利器，它们逮到猎物常生吞活吃，囫囵咽下，消化完食物中能消化的部分后，把剩余的不能消化的骨骼、毛发等残渣挤压成小团，经食管从口腔吐出，这就是人们口口相传的猫头鹰吐“食丸”。这一行为，也让人们觉得猫头鹰匪夷所思，绝非善类。

猫头鹰族群庞大，适应环境能力很强。全世界有多达一百三十余种的猫头鹰，除北极地区外，世界各地都有分布，我国常见的大型猫头鹰有雕鸮、长耳鸮、短耳鸮等，小型的有鸺鹠、纵纹腹小鸮等。说起“不怕夜猫子叫，就怕夜猫子笑”这句俗语，笔者想起了还真有一种猫头鹰很喜欢“笑”，那就是笑猫头鹰。它的叫声很奇特，常常发出似炫耀似开心般的大笑，这样的笑声会令人头皮发麻。不过，很遗憾，曾经仅在新西兰有分布的这种笑猫头鹰在二十世纪初就销声匿迹了，那奇特的笑声至今再无人有幸耳闻了。

考究起这种笑猫头鹰的灭绝原因，很令人深思。外来移民把兔子带到了新西兰的岛屿上，兔子繁殖能力极强，很快泛滥成灾，政府又把兔子的天敌黄鼠狼引进了岛上，兔子很快减少消失了。为了糊口，伶俐敏捷的黄鼠狼们就把尖牙利爪伸向了笑猫头鹰藏在岩石峭壁后的巢，在很短的时间内，黄鼠狼们就手到擒来地把猫头鹰的蛋和幼雏一扫而光。笑猫头鹰们再也笑不出来，“哭”也没机会了。

从笑猫头鹰灭绝一事中，我们应该吸取深刻教训，那就是引进外来物种一定要慎之又慎！否则，会给当地相关物种带来灭顶之灾，以至于破坏一个地区的生态平衡，引发不可挽回的损失。

食火鸡

鸟中的武士——食火鸡

>>

今天，我们暂且不表大家都熟知的那些飞禽走兽，专门来聊一聊有些陌生的走禽。

现在地球上有四种大型走禽，它们是鸵鸟、鸸鹋、鹤鸵和鹈鹕。这四种鸟有一些共同特点：翅膀退化，羽毛披散，脚趾发达，善奔走而不善飞翔，孵卵及育雏任务多由雄性来完成。与其他鸟相比，它们体型庞大。在这里，我们要隆重介绍的是翅膀更加退化的鹤鸵，又叫食火鸡。

那么，人们为什么又为鹤鸵起名叫“食火鸡”呢？原来这家伙特别贪吃，常吞食一些小石子、小块的铁皮和玻璃等东西，而它们贪吃的习性与不停地在土中刨食的鸡有些相似，因此，人们送了个“食火鸡”的雅号给它。

食火鸡原产于澳大利亚北部和新几内亚及附近的一些岛屿，生活在热带雨林地区，除繁殖期外，平时单独生活。它们头上长着大角冠，就像戴着头盔一样，用其将茂密的树叶分开以便于在其间行走。它们善于奔跑，尤其在受惊时像一匹野马似的狂奔疾驰，时速可达四十五公里，而且能轻松跃过两米多高的障碍物。它性格粗暴好斗，能用强有力的腿踢伤被它攻击的对象，甚至能用锋利的长爪将人的肚皮豁开。当地的人们很害怕食火鸡，当遭遇它们时便远远躲开。当然，食火鸡并不是真的嗜血，它们主要吃浆果，偶尔也吃一些昆虫、小鱼、小鸟和老鼠等荤食，严格意义上说它们是素食者，并不会主动攻击人类，只有在它们感觉受到威胁的时候才会发起自卫战。鉴于食火鸡发起脾气来迅捷凶狠，它已被公认为世界上最危险的鸟类。

食火鸡那头盔一样的大角冠，利刃一样的长爪，还有它迅猛的速度、惊人的弹跳力，以及粗暴好斗的性格、大好的胃口，像不像我们印象中的古代武士？

但是，“武士”们也有自己致命的弱点，那就是它们很怕冷。要想让它们熬过北方寒冷的冬天，还需要给它们保暖。这不，前一阵儿，济南动物园就请来这么两个“武士”。这下可忙坏了作为东道主的保育员。他们又是封笼舍，又是烧暖气，一顿折腾，最后总算拾掇出让这两位游历到济南的“武士”比较满意的新居。

由于人类对环境的过度利用，食火鸡们的生存条件越来越恶劣，数量也越来越少。有些失去栖息地的食火鸡只能走出它们熟悉的赖以生存的雨林，无奈地走近人类，这就难免引发与人类的冲突。希望大家能保护环境，与动物和谐相处。

鹈鹕

捕鱼能手——鹈鹕

>>

动物园百鸟乐园的游禽湖里生活着一种奇特的鸟。奇一：它的嘴巴长而扁，长嘴下面有一暗紫色或黄褐色的嗉囊，这两件利器组合起来就成了它们的“渔网”，它们常常张着这张“网”在水里悠闲地游着，不时闭上嘴把水挤出去，留下满“网”的鲜鱼再美美地享用，正是因为有这样的习性，人们又把它们叫作“淘河”“塘鹅”；奇二：它双翼巨大，展开时可达两三米，所以能迅速地飞翔，还可灵巧地随风向螺旋上升，或者缓缓鼓动双翼，做短时间的滑翔。这种鸟就是捕鱼能手——鹈鹕。

鹈鹕身怀绝技，捕起鱼来得心应手，轻而易举地就能填饱肚子，所以每天大部分时间都在岸边晒太阳。它捕鱼主要有五种方法：

第一种，立于浅水中，敏锐的双眼密切注视着水面，如有那些莽撞不知危险的鱼儿游来，它们就张开簸箕似的大嘴轻松捞起，美美地享用。

第二种，缓缓地在空中飞行，一旦发现水中的猎物，便猛冲而下，张开它们奇特的大嘴，捕起鱼来真如探囊取物般容易。

第三种，悠闲地在水中游泳，利用它们渔网似的嗉囊将鱼和水一起兜入，然后闭嘴收缩嗉囊，挤出水，留下鲜活的鱼。

第四种，鹈鹕们集体排成一个半圆形的队伍，把嘴不时地插入水中，并拍打双翅，将受惊的鱼儿驱逐到浅水区而集体捕食。

第五种，与鸬鹚联合起来驱赶鱼群。它们在水面拍翅驱赶（因为鹈鹕善泳却不会潜水），鸬鹚潜入水中驱赶，双方分工合作，鱼儿无处可逃，最后它们与鸬鹚共同分享胜利果实。

鹈鹕们的捕鱼招数还真不少，既甘于做一个孤独的渔翁，又能很快活地与同伴分工协作，为了生计真是蛮拼的。它们是我国的二级保护动物，虽然种群数量还比较稳定，但在野外已很少能看到它们集体捕鱼的场景。

天鹅

感人的天鹅

》

《史记·陈涉世家》最为现代人熟知的名句“燕雀安知鸿鹄之志”中提到的“鸿鹄”，即是古人对天鹅的称呼，或者说是古人对大雁和天鹅的称呼。天鹅和大雁是近亲，它们飞行极为高远，古人就用它们来比喻志向远大的人。

天鹅是候鸟，在南方越冬，在北方繁殖，其间要翻山越岭飞行数千里，甚至要飞越世界最高的珠穆朗玛峰，飞行高度可达九千多米，堪与我们人类的飞机媲美。因此，科学家认为它们是当之无愧的高飞冠军。“鸷鸟种不一，海青称俊绝，摩空健翮上层霄，千里下击才一瞥……闻之育卵大海东，追逐天鹅入云中”，乾隆皇帝的《海东青行》本是写海东青的，海东青是鸟中的好猎手，眼神锐利，善高飞，而它也只能飞入云中追逐天鹅，可见天鹅飞行之高。

天鹅夫妇可谓从一而终的模范夫妻，它们严格坚守着“终身伴侣制”。无论在南方越冬，抑或在北方繁殖，天鹅采食或休息时都是出双入对。雌天鹅产卵或孵化时，雄天鹅就守护在一旁，随时警惕着敌情，一旦有入侵者，它就扇扑着双翅迎击对手，即使是遭遇强悍如鹰狡猾似狐这样的强敌，它也会勇敢地上前搏斗，毫无畏惧，若敌人不退，它就不死不休。天鹅之勇猛，鸟中少有。天鹅重情，夫妇相看两不厌地厮守终生，若一只早亡，另一只就从此“守节”，形单影只。天鹅之情坚，鸟兽中都少有。有感于天鹅的忠贞，笔者也吟了一首《北方的天鹅》：

依依柳丝抹鹅黄，涟涟碧水逐轻浪。

似桨蹼掌拨泥岸，如梳巧喙理羽妆。

呢喃怀想忆江南，绕颈痴望恋北方。

弄儿啁啾春色里，携伴振翮碧空翔。

这首小诗虽不合平仄，对仗也不工整，但对天鹅的生活习性描写得还算准确，对天鹅的喜爱之情漾满了字里行间。

天鹅有很强的集体意识，也颇有智慧。这从它们在迁飞时的集体大行动和巧妙利用气流节省体力的行为中可见一斑，另外，有一个关于天鹅的故事曾有精彩的描述。有一个老猎人，亲眼见到一群天鹅来到一片冰封的湖面，刚开始时只能望冰兴叹，过了一会儿，却见一只老天鹅腾空而起，然后急速坠落用自己的胸脯和翅膀扑砸冰面，接着是第二次、第三次，冰面被震动了，其他天鹅愣怔了一会儿，也都群起效仿，一大片冰面被破开，这群天鹅兴奋地在水中游泳捕食。老猎人看到这令人动情的一幕，也被深深感动了，不忍再打扰这群天鹅，背上自己已上满子弹的猎枪悄悄地离开了。

写到这里，笔者也被天鹅们深深感动了。

秃鹫

自然界的清道夫——秃鹫

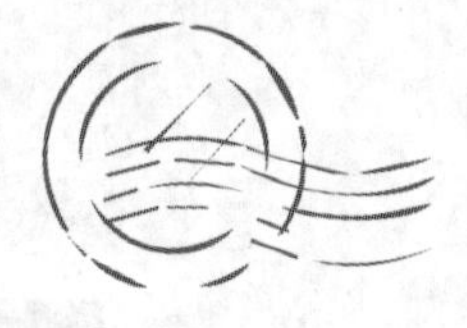

>>

秃鹫因其头部裸露无羽而得名，具有食腐性。秃鹫之所以头部裸露，也与它食腐的食性有关。秃鹫裸露的面部平时是暗褐色的，脖子是铅蓝色的，当它兴奋地啄食动物尸体时，面部和脖子都变成了鲜红色。这与我们人类常用红色作警告色的道理是相通的，它也用鲜红色警告同类："快走开，还没吃饱呢，别来抢，否则我就不客气了！"胆小体弱者就会被吓走，避免了一场纠纷；遇到体壮胆大者，则免不了打上一架，失败者只能无可奈何地让出食物，失落而郁闷，胜利者则红着脸趾高气扬地享用"美食"。

平时，秃鹫常张开两米多长的大翅膀借助上升气流在天空中孤独地翱翔。它窥视着山谷、溪流和旷野，用它那敏锐的嗅觉和犀利的视觉随时探察着地面上的目标。一旦发现目标，它即飞至附近观察动静。秃鹫很耐心地观察着目标，不时靠近些，看目标的腹部是否有起伏，眼睛是否有转动，以确定是不是真的已死去，有时这样的观察要持续一两天的时间，待确定目标真的是纹丝不动了，它还要小心翼翼地试探几番，才开始狼吞虎咽起来。看来，强悍的秃鹫也怕掉进陷阱，怕上当受骗遭暗算。动物尸体的“香味”弥散开去，其他秃鹫就会循味儿而来，一个个毫不客气地想要加入野外“聚餐”的行列中。当然，这样的聚餐需要得到“东道主”的邀请，否则会被当成“不受欢迎的人”而受驱逐。秃鹫主要吃大型动物的尸体，但它们也不是只吃腐食，在野外，它们也捕食小兽、两栖爬行类和鸟类等动物；在动物园里，它们吃起管理人员投放的鲜肉来也是有滋有味。

秃鹫常栖息于高山、草原地带，每年2～3月是它们繁殖的季节。它们分布于我国的西部、北部和沿海各地；国外分布于南欧、小亚细亚、中亚细亚及印度北部。由于它们在野外主要以动物尸体为食，因此，对自然界的清洁卫生做出了不小的贡献，称它们是“自然界的清道夫”名副其实。

乌鸦

聪明的乌鸦

>>

众所周知，乌鸦是一种聪明的鸟。在《伊索寓言》中有一则《乌鸦喝水》的故事，这则寓言的本意是励志，但也从侧面描绘了乌鸦的聪明智慧。这则寓言还被选入小学课本，激励孩子们要像乌鸦那样遇到困难不放弃，善于思考，勇于解决难题。

动物行为学家曾对鸟类进行过智商测验，乌鸦的智商排名前列，它的综合智力相当于家犬的智力水平。除人类以外，相对于其他动物而言，乌鸦不但具有较高的数学天赋，学习语言的能力也出类拔萃，而且还有一定的逻辑推理能力，有些乌鸦还能利用树枝、石块等简单的工具来完成只靠自身无法完成的动作。曾有科学家用实验证实，即使未受过任何训练的乌鸦也能熟练地将小树枝简单加工后，从岩石缝隙中把食物挖出来。有的乌鸦，会利用行驶的汽车碾碎核桃，然后再飞过去美餐一顿；还有的乌鸦会把大块的食物分成小块，然后分多次把食物带走，并把一次吃不完的食物藏起来，以免被别的动物抢食。

乌鸦是聪明的，可是乌鸦的形象和许多习性却让人避而远之，所以，人们对乌鸦的感情是矛盾的。

乌鸦这个族群的鸟类大多通体乌黑，鼻须硬直，形象确实有点让人瘆得慌，再加上叫声大多粗哑单调，实在是如古代诗人所说的“呕哑嘲哳难为听”。乌鸦一般集群生活，有时一群可多达几万只，试想一下几万只乌鸦聚集的场面，正贴合了一个词——“乌合之众”，那场面一定让你除了惊讶就是惊叹。乌鸦是杂食性的，除了吃谷物、蔬果，也吃昆虫和其他一些小动物，如比较常见的大嘴乌鸦、小嘴乌鸦、秃鼻乌鸦等，都喜欢吃腐肉和动物的尸体，虽然这一行为对净化环境做出了不小的贡献，但却不为人们所喜欢。

在中国民俗文化中，不同时代、不同地域的人们对乌鸦的态度存在很大差异。明代李时珍在其医药学鸿篇巨制《本草纲目》中有这样的记载：北人喜鸦恶鹊，南人喜鹊恶鸦。该说法可能有其根据和合理性，但笔者认为该说法未免有点绝对了。在《山海经·大荒东经》中，乌鸦是驮着太阳的神鸟，象征着光明；古人从乌鸦啄食野生稻谷的习性中受到启示，从而开始栽培稻谷，因此把乌鸦认作“送谷神”；“乌鸦反哺，羔羊跪乳”，乌鸦的孝鸟形象已有几千年的历史。这些文化现象都说明乌鸦在远古时期是深受人们尊崇喜爱的。

无论人们对它们是什么心态，乌鸦从不会自怨自艾，它们不以物喜，不以己悲，自信地坚守着：乌鸦就是乌鸦，样貌依旧通体乌黑，叫声依旧暗哑单调，也不会用精致的装扮去悦人，用美妙的声音去娱人，用伪装的高雅去赢得人的欢心，只是自始至终本色不改地在大自然中表里如一地生存着。

喜鹊

喜鹊枝头闹喳喳

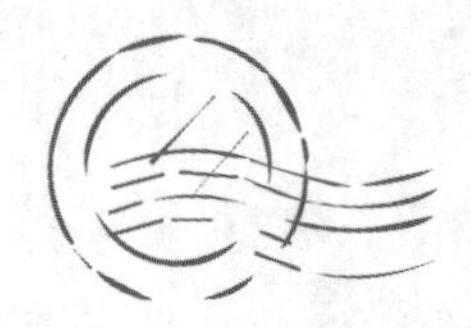

>>

喜鹊是世人皆知的报喜鸟。明朝的唐胄在《喜鹊》诗中吟道:“地气北来知世运,喳喳传喜遍天涯。”清朝的乾隆皇帝也在《喜鹊》诗中云:“喜鹊声唶唶,俗云报喜鸣。”《开元天宝遗事》中明确提到:“时人之家,闻鹊声,皆为喜兆,故谓灵鹊报喜。”

喜鹊喜欢与人相伴,在村头、路边、宅院旁、公园内的大树上,我们常看到由枯枝编织而成的大鸟巢,这就是人们常说的喜鹊窝。它被筑造在大树的顶部,大而醒目,经年不坠。从外观看,它枝条纵横,就像是新入行的匠人编织的粗糙的篮筐,其实不然,它工艺复杂,内部构造精巧。外壳就像铠甲一样,虽粗糙却坚固,对整个巢起到了很好的保护作用。除了这层坚韧的外壳,内部还有三层,靠近外壳的一层大多是由柔细的柳树枝编织而成的“柳筐”,“柳筐”嵌在巢的下半部,就像一张很精致的床;床上面是用一块一块的河泥铺成的床垫;床垫上就是用芦花、棉絮、兽毛、鸟绒羽等混在一起制成的铺盖了。除此之外,每一个喜鹊窝都有一个厚厚的顶盖,顶盖的巢材排列致密,能起到遮蔽雨雪的作用，经久不漏。质量这么上乘的窝巢，不仅是喜鹊们繁衍后代的理想家居，而且也是一些不善营巢的猛禽们苦苦寻觅的心仪居所。这么优良的建筑，完全可以获得动物界的“鲁班奖”啊！可想而知，既然注重质量，喜鹊们在建造的过程中一定精益求精、煞费苦心，绝不敢偷工减料。事实正是如此，要建成一个坚固、耐用、舒适的巢窝，一对喜鹊从开始衔枝编织外壳，到叼取兽毛鸟羽铺出“铺盖”，往往要历时四个多月，可谓辛苦至极，耐心至极。若没有彼此“爱”的支撑和繁衍后代的坚定“信念”，是很难完成这样浩繁的工程的。

喜鹊的适应能力很强，除了人迹罕至的密林，山区、平原，荒野、农田，郊区、城市，都可见到它们的身影。喜鹊还喜欢与人亲近，它们喜欢成群结队地在人类生活的区域出现，尤其喜欢把巢筑在民宅旁、大路边的高大树冠上，甚至是高大的电线杆顶部。它们白天到农田、草地等开阔地带觅食，晚上就在高大的树上栖息。它们性情机警，觅食时常分工明确，安排有警戒鸟，警戒鸟非常忠于职守，一有危险即发出报警的惊鸣声，然后同正在觅食的同伴一起飞走。它们在地面觅食时，常跳跃式前进，头转尾翘，活泼可爱；飞行或在枝头停歇时，常发出“喳喳喳”的叫声，嘹亮却柔和。这么讨喜的形象，这么悦耳的鸣唱，正是人们喜爱它的原因之一吧。

喜鹊是一种杂食性鸟类。为了育雏，夏季它们主要以蚱蜢、蝗虫、松毛虫等动物性食物为食。它们所吃的这些昆虫大多是农林害虫，所以说，喜鹊是农林益鸟。其他季节，它们则以植物的果实和种子为食，也吃一些玉米、高粱等农作物，对农业也有一定的危害。由于农药、化肥的大量使用和人类活动造成的环境污染，喜鹊的种群数量日渐稀少，只在生态环境相对优良的公园等区域才能一睹它们的芳容。

相信随着生态文明建设的不断推进，大好河山均成“绿水青山”，一定会处处常有喜鹊喳喳闹枝头的美景，再现古代“乍睹阳乌色，频闻喜鹊声”那样的诗情画意。

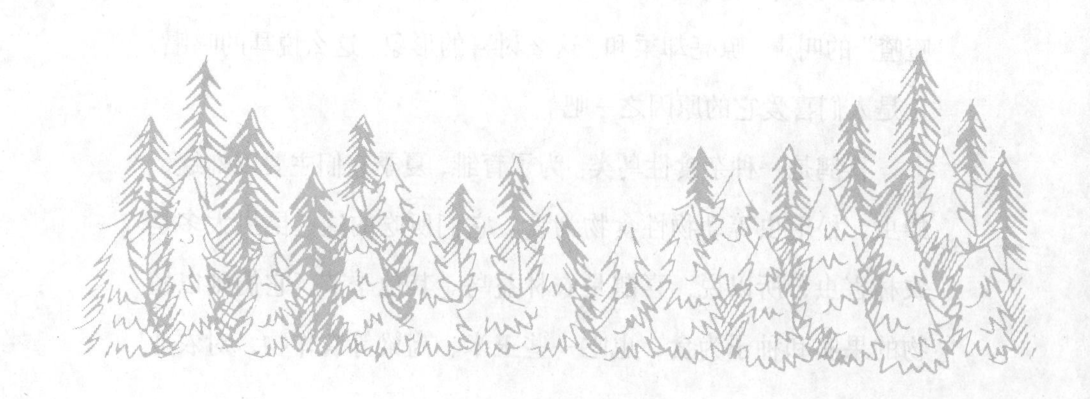

燕子

惹人动情的燕子

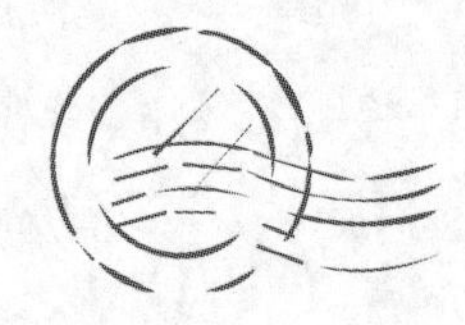

>>

冬去春来，筑巢于屋梁、绕飞在街头，娇小灵巧的燕子与人的关系亲密无间。“咫尺春三月，寻常百姓家。为迎新燕入，不下旧帘遮。”百姓之家春来翘首盼燕归。“春色遍芳菲，闲檐双燕归。还同旧侣至，来绕故巢飞。”字字皆是春至燕归的喜悦之情。

燕子是迁徙鸟类，每年初春，它们从南方集群归来，落地后很快即开始为繁衍后代做准备工作。首先是婚配表演，成对的燕子时而在空中相伴疾飞，时而栖于屋顶或横梁相依相偎，并清脆婉转地唱和，一番表演后，雌、雄燕子已是如胶似漆，继而就开始营造爱之巢了。它们一般喜欢在屋檐下或横梁上营巢，有的只是对往年的旧巢进行加固修缮。筑巢时，雌、雄燕子轮流从附近的水岸边衔来湿泥、草麻等，并混以唾液，做成小泥丸，以嘴为手，从基部一点一点垒砌，砌成很坚固的巢壳，等巢壳干硬后，在内部再铺粘一层细软的草作为巢垫，最后再铺上一层更细更柔的草、毛发、鸟羽等，就是它们为繁育雏燕而精心准备的铺盖，经过十天半个月的辛劳，一个平底小碗状的舒适爱巢就筑成了。

每年的4～7月是燕子们最繁忙辛劳的季节，这段时间，它们不但要在空中迅疾飞翔，以捕捉飞虫填饱自己的肚子，还要筑巢、孵卵、育幼，可以说一刻也不得闲。燕子每年繁殖两窝，第一窝在4～6月，产卵个数多一些，一般在四至六枚；第二窝在6～7月，产的卵少一些，大多为二至五枚。产卵后雌、雄燕子轮流孵化，大约半个月，雏燕即破壳而出，雏燕出壳后食量很大，整日嗷嗷待哺。在二十多天的时间里，父母燕大多数时间都在捕捉飞虫、哺喂雏燕，它们忙碌着，身姿还是一如既往地轻快，是不是正如我们常说的“忙并快乐着”！雏燕刚出窝学飞时还不能独立捕食飞虫，练飞练累了还会飞回温馨的巢内等着父母的哺喂。几天后，它们也能在空中迅疾地飞翔，并精准地捕食到飞虫了。练好了本领，寒潮来临时，小燕子就能随着父母跟着燕群一起飞往温暖的有飞虫吃的南方了。

燕子的食物主要是昆虫,而且只喜欢捕食空中飞着的昆虫，如蚊子、苍蝇等，在育雏的这段时间捕食的飞虫尤其多，在几个月的时间内能吃掉二三十万只害虫，因此它们是名副其实的益鸟。燕子之所以不辞辛苦地迁飞，最主要的原因是北方的冬天天气寒冷，很难抵御低温的昆虫们都藏了起来，空中基本失去了飞虫的身影，只捕捉飞虫的燕子们也就失去了赖以生存的食物来源，只能披星戴月地飞向南方。

谚语云：“燕子低飞蛇过道，大雨不久就来到。”有经验者可以根据燕子飞行的高度预测天气。快下雨时，空气的湿度变大，飞虫们的翅膀就有些湿漉漉、沉甸甸的，很难高飞，只能低空飞行，捕食飞虫的燕子们跟踪追击，也就飞得很低了。

“几处早莺争暖树，谁家新燕啄春泥。”在中华民族传统文化中，燕子是一个耀眼的文化符号，美好的、伤感的、思念的、思乡的，一众情绪均可托付娇巧的燕子来表达、吟诵。燕子是人们最熟知最常见的鸟类之一，从古至今人们对燕子有很难割舍的感情。然而，在很多历史上有燕子广泛分布的地区，它们的身影却已难得一见了，这真的让我们很担心。但愿燕子们能一直像宋代朱淑真在《春燕》一诗中描写的那样：“檐前日暖翩翩过，帘外风轻对对斜。”

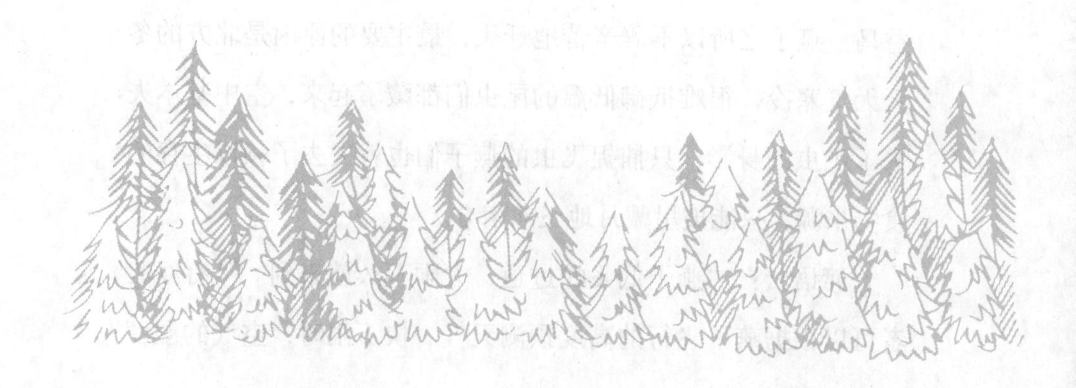

鸳鸯

被美化的鸳鸯

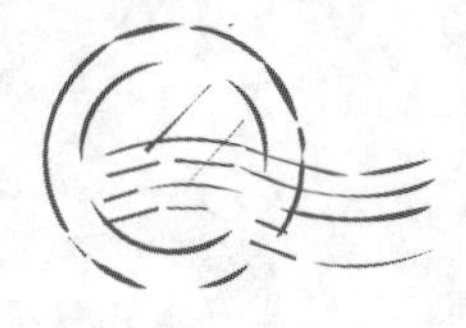

>>

在中华民族传统文化中，鸳鸯是夫妻恩爱、白头偕老的象征。诗圣杜甫吟道：“合昏尚知时，鸳鸯不独宿。”感情细腻的杜牧曰：“尽日无人看微雨，鸳鸯相对浴红衣。”据《淮安府志》上载：明朝成化年间，盐城的一渔翁在湖上捕到一雄鸳鸯，并将其宰杀后放到锅中烹煮，雌鸳鸯一直随着船尾悲鸣着不肯飞去。不久，锅中的雄鸳鸯煮熟了，渔翁刚打开锅查看，雌鸳鸯势如飞石，投入沸汤中殉情而死。

然而，鸳鸯之恩爱真的名副其实吗？

据观察，雌、雄鸳鸯繁殖期间确实朝夕相处、摩肩交颈，给人以恩爱缠绵的印象。然而，一旦完成交配，雄鸳鸯便不念旧情，扬长而去，把孵化育雏的重任全丢给了雌鸳鸯。更有甚者，如果繁殖期间成对的鸳鸯被捕去一只，另一只便毫不顾惜地去另结新欢。看来，孟郊的“梧桐相待老，鸳鸯会双死”的观念只是古人对美好爱情的向往罢了，鸳鸯是否真的如此，并没人去认真地追究。

鸳鸯是一种体型较小的鸭类，雄鸳鸯是鸭类大家族中最美丽的成员，它五彩的羽冠、秀气的眉纹以及翅膀上帅气的帆羽，再配以潇洒的体态，真是光彩照人，而雌鸳鸯却朴素得没有特点。这种“男人”爱漂亮，“女人”喜素雅的习俗是鸟儿们的普遍习性。

鸳鸯的警惕性很高，极善隐蔽，飞行的本领也很强。采食后飞返栖息地时，一般先有一对鸳鸯在空中盘旋侦察一番，确认安全后才招呼大群落下歇息。若发现有危险，“侦察兵”就发出“哦儿、哦儿”的报警声，然后引领大群迅速逃离。休息时，它们也很警惕，只要空中有天敌，如鹞和鹰飞临，它们便能及时发现而逃之夭夭。

鸳鸯是我国二级保护动物，是动物园中惹人喜爱的观赏游禽，是人们心目中美好的化身，更是画家笔下的宠儿。然而，我们必须下大力气去保护环境，才能留住唐朝诗人吉师老为我们描绘的美景：“江岛蒙蒙烟霭微，绿芜深处刷毛衣。渡头惊起一双去，飞上文君旧锦机。”

鹧鸪

善唱善斗的鹧鸪

>>

鸡形目鸟类有三百多种，人们习惯上把其中体型较大的种类称为“鸡”，如比较常见的被叫作“山鸡”的环颈雉，体长可达八十多厘米，体重一千五百多克；而把体型娇小的种类称为“鹑”，如鹌鹑，体长不足二十厘米，体重不足一百五十克。鹧鸪正处于两者之间，三四十厘米的中等身材，体重一般有二百五十多克。鹧鸪的体型不是很魁伟，但是它们善唱美妙的情歌，还有着强悍好斗的本性。

“江南三月鹧鸪啼”，每年春暖花开时节，在阳光明媚的清晨，大多数时间总是隐藏在灌木丛中的雄鹧鸪扇动起短圆的翅膀飞落到大岩石上或树枝上，昂起俏丽的头部，放声鸣唱，鸣声清脆嘹亮，声振林樾，常常是一鸟领唱，众鸟应和，如一曲春天的交响曲在三月的江南奏响。“相呼相应湘江阔，苦竹丛深日向西。”唐朝的郑谷在《鹧鸪》一诗中对这样的场景有很诗意的描述。

鹧鸪像其他鸡类一样，在繁殖季节营一夫多妻制的生活方式。在一个区域内，一个十多只的鹧鸪群内有比较明显的等级制，它们通过武斗产生一只头鸪，只有这家伙才能大声鸣叫，并与发情的雌性个体交配，其他雄性鹧鸪要么到别的山头去开辟新生活，要么在该区域内不吵不闹地低调生活。看来，人们所说的“一个山头只有一只鹧鸪”的俗语还是有一定根据的，但也不是很准确。人们耳闻目睹的只是那只头鸪，而很少看到听到那些喜欢隐蔽生活的个体罢了。

鹧鸪们平时大多喜欢单独活动，只在繁殖季节才结群生活。它们警惕性很高，大部分时间隐藏在灌木丛或草丛中，很难被发现。当在草地等比较开阔的地带活动时，它们更是机警，一有惊扰即迅疾地飞往高处。鹧鸪喜暖怕冷，特别喜欢在疏林地带活动，还很喜欢沙浴。它们一天中常在领地内的不同区域活动，天一亮即到山脚喝水觅食，快到中午时，到山腰或山顶的向阳处边晒太阳边进行沙浴，下午又会下山觅食，天黑前回到山上过夜。它们睡觉和进行沙浴的地方相对比较固定，而且相对舒适的地方只属于头鸪和那些被头鸪接纳的雌鹧鸪。

雌鹧鸪在头鸪的领地内营巢、产卵、孵化，每窝产卵三至六枚，很少有能产八枚的，孵卵任务主要由雌性承担，但在雌性外出觅食时，雄鹧鸪会在巢旁守卫，个别的家庭观念很强的雄鸪，还会在雌性外出时代孵一会儿。一般孵化二十一天后，雏鸪即破壳而出了，出壳不久的小鹧鸪很快就能跟随亲鸟活动了。活动时如遇天敌袭击，雌鸪带领雏鸪迅速隐藏起来，雄鸪则闹出动静把敌人引走。

鹧鸪的叫声响亮，但音律有凄清之韵，经过古代文人拟人化的想象比拟，很像“行不得哥哥”，因此，极易引发思念、离别的愁绪。“鹧鸪苦道行不得，杜鹃更劝不如归。”宋代陆游的《游山遇雨》一诗就写出了这样的情绪。再浮想联翩一下，鹧鸪之所以能引发离别的愁绪，是不是也有另一层原因，那就是鹧鸪一遇惊扰即疾飞隐匿不见了，这是不是像极了友人、亲人因远行而淡出视线的场景。“湘水无潮秋水阔，湘中月落行人发，送人发，送人归，白蘋茫茫鹧鸪飞。”唐代张籍的《湘江曲》是不是就有这样的意蕴？

中华秋沙鸭

鸟中的大熊猫——中华秋沙鸭

>>

中华秋沙鸭个性十足，在拥有一百五十多个成员的雁鸭类大家族中可谓独树一帜。

在“男花哨、女朴素”的鸟类世界，雄性中华秋沙鸭更是标新立异，黑而亮的双冠状冠羽长而醒目，再配上虽呈黑白鳞纹但仍鲜亮不俗的“花衬衫”，整个一款“新潮男”。雌鸭虽仿若穿着与雄鸭相映衬的“情侣衫”，但整体形象朴素得好像邻家大婶，让“帅哥们”看在眼里兴不起“君子好逑”的感觉，但在雄性秋沙鸭眼里肯定很美，这就是人们常说的“情人眼里出西施”吧。

中华秋沙鸭很喜欢小家庭生活，只在迁徙时才集大群，即使生活在同一区域的每个家族之间也很少比邻而居。喜静的生活也造就了它们机警的性情，稍有风吹草动，先是昂首缩颈静默地做瞬间观察，随后即迅疾飞走或隐蔽。中华秋沙鸭有时与鸳鸯混在一起活动、觅食。“两两莲池上，看如在锦机。应知越女妒，不敢近船飞。”鸳鸯的美丽可是自古皆颂的，不知中华秋沙鸭们是不是有与鸳鸯比美之心呢?

中华秋沙鸭常把巢建在高大粗壮的阔叶树的树洞中，这可能主要是为了躲避天敌的侵害。雌鸭对建巢的树洞很挑剔，既有耐心更有爱心的雄鸭，有时要不厌其烦地寻找多个树洞才能如雌鸭的意，共建爱巢，有时只能再启用原先的旧巢。中华秋沙鸭每窝产十枚左右的卵，它们的孵化期大多在5月，三十五天的孵化及以后的育雏任务完全由雌鸭来完成，雄鸭则过起了优哉游哉的单身生活。雏鸭出生当天即能行走、跳跃，第二天即离巢。小鸭们站在十多米高的树洞口，在母鸭的带领下一跃而下，游向广阔的世界。这一看似简单的跳跃需要很大的勇气，想一想，站在十多米无所凭借的高处，一般人都会眼晕，胆小的恐怕会两股战战不敢站立，若再要凭空一跃，想来作为强者的人类能做到的也不会很多，而幼弱的小鸭们却做到了，这就是大自然的神奇！像中华秋沙鸭一样勇敢的雁鸭类不是个例，常在一起活动、在同样的环境下利用树洞建巢的鸳鸯们也是这样有勇气。

中华秋沙鸭偏爱河底多卵石、河水清澈透明、水流急缓相参、小鱼小虾较丰富的生活环境，也许正是这样的偏爱，再加上人类活动的挤压，适合其营巢的大树越来越少，才导致中华秋沙鸭繁殖分布区域狭窄，数量日渐稀少。目前，中华秋沙鸭是我国一级重点保护的稀有鸟类，与大熊猫、华南虎、滇金丝猴、朱鹮、丹顶鹤齐名，皆为中国国宝动物。它们还是第三纪孑遗物种，距今已生存了两千七百多万年，被称为鸟类中的“活化石”。

四
兽类篇
动物秘闻

白唇鹿

仙气十足的白唇鹿

>>

在大型鹿类中，有一种鹿因其鼻端两侧、下唇和下颌为白色而被分类学家定名为白唇鹿。白唇鹿还有黄臀鹿、扁角鹿的别称，那是因为在它的臀部尾巴周围有很醒目的黄色斑块，而雄鹿角的主干呈扁平状的缘故。

白唇鹿是我国特产的高寒动物，仅分布于青海、甘肃、四川和西藏等地海拔三千至五千米的高山上。它们所披的粗毛内有中空的髓心，保温性能好，能适应高寒气候。它们蹄子宽大，善于爬山奔跑，也就是人们所说的“翻山越岭如履平地”。由于白唇鹿主要以草及树木的细枝嫩芽为食，为了在艰苦的环境中找到食物，有时它们不得不做长距离的迁移。平时，它们喜欢在水源附近活动，一般少则两三只，多则数十只为一个群体。喜欢水的白唇鹿还练就了不凡的游泳技能，能安然渡过湍急宽阔的水面。它们多在9～10月发情交配。这段时日内，雄鹿间常开展剧烈的求偶争斗，争斗虽很激烈，却是仪式性的成分多，大多是一方主动认输并逃开，取胜者则趾高气扬地优先婚配。

白唇鹿的孕期约八个月，每胎产一仔，幼仔身上有白色斑点，后随着月龄的增加逐渐消失，哺乳期约四个月，三至四岁性成熟，一般能活二十年左右。

野生白唇鹿像不食人间烟火的隐士一样，常出没在偏僻难行的地区，独守一方小天地，很少与人打交道，心无旁骛地过安静的生活，因此，它们很难适应人工饲养条件，不易被人工饲养。济南动物园自 1992 年开始饲养白唇鹿，在管理人员的精心呵护下，有些仙气也有些娇气的白唇鹿们不但适应了济南地区的气候和环境，还配成佳偶，多次繁殖。适应艰苦环境的白唇鹿从小就很顽强。小白唇鹿刚出生不久，就努力地想站起来，虽抖颤着纤弱的躯体，却不服输地一次次弓起腰身，直到稳稳地站立，循着乳香蹒跚地拱向母亲的身下。有一次，笔者去看一只刚出生不久的小白唇鹿的时候，正赶上它从地上站起来。在母乳滋养下已日渐健壮的它，慢跑着去找母鹿吮乳。小家伙儿跑至母亲身边，用头轻轻地拱了几下就含住了母鹿的乳头有滋有味地吮了起来，有时母鹿为了采食，稍微移动一下脚步，小鹿也跟着慢慢地移动，直到几分钟后吃了个饱才咂巴着嘴儿撒欢儿去了。斗转星移，小白唇鹿一年一年长大，这期间多位有心人牵红线搭鹊桥，终于让它喜结了良缘，开始繁衍子孙。

由于受人类活动的挤压，白唇鹿的栖息地日渐缩小，它们的野生数量也急剧减少，已被国家列为一级保护动物，目前，在其原生境地已建了多处自然保护区。祝愿这种颇有仙气的物种，像“只在此山中，云深不知处”的隐者一样，能长久地生活在此山中、云深处。

白犀牛

肌肤并不白的白犀牛

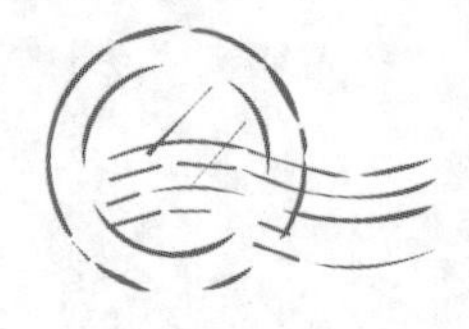

»

白犀牛并不白，准确地说，它的皮肤应该是蓝灰色或者棕灰色，和黑犀牛没有多大区别，动物学家们区分这两个物种也不是按照肤色来的，之所以会起这么个误导性极强的名字，应该是个误会。

对于绝大多数中国人来说，白犀牛并不是一个经常能听到的名字，它生活的地方实在是过于遥远，以至于再大的风也无法将它吹到生活的鸡零狗碎里。

因此也很难有人能够想象得到，在那片遥远的土地上，有一个叫白犀牛的物种，正重走中国犀牛的老路，聆听着死亡的倒计时。

白犀牛又名方吻犀，是现存五种犀牛中个头最大的，共有两个亚种。其中北方亚种主要分布于非洲东部和中部的乌干达和尼罗河上游，目前濒临灭绝。南方亚种主要分布于南非，种群情况较好，是数量最多的一种犀牛。

白犀牛耳朵边缘与尾巴有刚毛，其余部分则无毛，上唇为方形。鼻子上的角平均为六十厘米，最长可达一百五十八厘米。非洲白犀牛区别于亚洲犀牛的最显著外部特征为其嘴部呈方形，而亚洲犀牛嘴部略尖。

白犀牛虽然名字里有“白”字，但绝不是个柔弱的“小白脸”，而是相当高大威猛。白犀牛的身材实力，让它成为陆生脊椎动物中居于第二位的庞大动物，仅次于非洲象、非洲森林象、亚洲象，比它的伙伴印度犀牛要大，比我们熟悉的河马更大。

白犀牛的名称来自荷兰语“weit”，意思为“wide”（宽平），针对它们宽平的嘴唇而言，后来被人误称为“white”（白色），故称“白犀牛”，又名“方吻犀”。它们宽平的唇部，可像割草机般啃食地上的草。

犀牛和人类一样，也会晒伤。我们会涂防晒霜，而它们也会用“防晒霜”，那就是用泥浆涂满全身进行防晒。犀牛本身便具有较厚的皮层，大多数犀牛还十分喜欢在泥潭中翻滚，给身体涂上厚厚的泥浆，以此来防晒。

紫外线能够晒伤皮肤，甚至导致皮肤癌，所以犀牛身上的泥浆起到了保护皮肤的作用。这些泥浆也是犀牛的“防晒霜”，能有效减弱到达皮肤表层的太阳光的强度，有时还能抵抗一下紫外线的辐射。

我们看到的大多数食草动物的角都是长在头顶上的，而白犀牛的角却长在鼻子上，且两只角一大一小、一前一后，没有骨质。呃……那会不会很软？ 它的角不是骨质的，是上皮组织的衍生物，由角质纤维堆积而成，所以并没有长在骨头上，而是长在皮肤上，但却格外坚硬和锋利，是自卫和进攻的武器。

在野外，白犀牛到了冬季要面临食物短缺的危机，还要抵御因为犀牛角可以制成工艺品而存在的被人猎杀的风险。因此，目前野生白犀牛的数量急剧下降，世界自然保护联盟红色名录将其列为“近危（NT）”。但是在动物园里它们不用担心，这里有充足的食物和关爱它们的保育员，它们可以开心快乐地生活。

蝙蝠

像鸟儿一样飞翔的蝙蝠

>>

蝙蝠属于兽类，但是，它是兽中的异类。之所以这么说它，是因为它是兽类中唯一真正实现了飞天梦的族群，其他兽类也有极少数能在空中做短暂飞行的，如鼯鼠，但它们只是靠肢体间的皮膜在空中滑行而已，与蝙蝠相比有天壤之别。

蝙蝠为了能像鸟儿一样飞翔，进化出了许多适于飞行的装备。当然，要想飞，首先要有翅膀，蝙蝠们也是这样想的。于是，它们把前肢的掌骨和指骨（拇指除外）极度延长，这些延长的骨骼就像风筝的骨架一样支撑起附着其上的薄而韧的皮膜，皮膜把前臂、上臂与体侧、脚踝连成一体，形成了两个特别强韧的膜翅。正是有了这对翅膀，蝙蝠们才有了飞天的信心。然而，光有翅膀还不足以翱翔天空，与翅膀相伴而生的还有轻而坚固的头骨（其他部位的骨骼也很轻），像鸟一样具有龙骨突的胸骨、强健的胸肌等。另外，蝙蝠们的听力也很强，可以像超声波雷达一样利用自身发出的超声波进行回声定位，这个本事可以让它们在空中边飞行边自如地捕食，也可以让它们在高速飞行中游刃有余地避开障碍，而不至于被碰得头破血流，甚至因躲避不及障碍物而丧命。

虽然蝙蝠就像一架超级飞行器，但是，它们还是有着无法克服的缺陷，那就是蝙蝠不能在平地上起飞，只能借助一定的高差先在空中滑翔一段距离，然后才能在空中自由飞翔。这恐怕就是蝙蝠们宁愿辛苦地倒吊着休憩而不愿舒适地“躺平”的原因吧。为了适应倒吊的习性，蝙蝠们也是煞费苦心，它们的拇指和足部各趾的爪都呈强锐的钩状，且膝关节向背部反转，有了这些装备，不但让蝙蝠们倒吊的姿态相对更舒适，而且不管是外出捕食还是被惊扰后飞逃，它们都能在松开利爪后立即转换为滑翔状态，然后借势快速飞走。

全世界现有哺乳动物（就是我们常说的兽类）四千余种，其中啮齿类动物最多，翼手目动物（就是我们常说的蝙蝠）位居第二，全世界现有九百多种。百分之七十的蝙蝠以昆虫一类的小动物为食，另外一些主要以果实、花蜜和花粉为食，少数的热带种类是肉食性，还有三种蝙蝠吸食血液，就是我们常说的吸血蝙蝠。

大部分的蝙蝠都喜欢躲在山洞、树洞中休憩、繁衍，而且很多种类都有冬眠的习性。养成这些遗世独立的习性，对蝙蝠们来说也是无奈之举。可想而知，山洞、树洞中大都暗无天日，这倒正对了蝙蝠们的脾性，也更能发挥其自身优势。如果用科学的态度来说，这些习性是它们为了适应环境而主动选择进化出来的。但是，主动的选择也是因为环境的逼迫，为了躲避诸如蛇、蜥蜴、猛禽、猫科动物等天敌的袭扰，它们也只能如此选择了。如果站在蝙蝠的角度来说，这样选择的原因，可能就是追求舒适和安全的积极态度了，因为这些洞穴中相对暖和，无风吹雨淋之苦，不但能让它们睡个安稳觉，还能安全地度过漫长的冬眠期，并能安全无虞地享受天伦之乐。

除了膜翅，从外形上看，蝙蝠长得与老鼠很像，所以，在一些地方就流传着老鼠因偷吃了盐而长出了翅膀变成蝙蝠的传说。其实，老鼠和蝙蝠是亲缘关系较远的两类动物，但他们除外形上有些相像以外，生活习性上也有相似的地方，比如它们大都在晚上活动，而且都喜欢生活在阴暗的洞穴中，恐怕正是因于此,人们才对这两种动物有了误解,进而进行了大胆的想象,并演绎出了老鼠变蝙蝠的故事。

在大部分地区,人们对待老鼠和蝙蝠的态度是极为不同的。因为老鼠常常偷吃粮食、咬烂衣物、啃毁家具，人们对老鼠大多是“过街老鼠人人喊打”的厌恶唾弃的态度，而蝙蝠则被人们当成“五福”的吉祥形象。因“蝠”与“福”谐音，古时人们常以“蝙蝠”的形象来表达福气、福禄的寓意，因此，民间的绘画、绸缎纹饰、家具及建筑的祥纹等都有蝙蝠的形象，大多是五只蝙蝠为一组，代表“五福”。在一些少数民族的文化中，因为蝙蝠像鸟一样会飞，但全身却像兽类一样长满了毛，所以就把蝙蝠当成了首鼠两端、口是心非的两面派，并因此把当面一套、背后一套的人称为“蝙蝠人”。

“千年鼠化白蝙蝠，黑洞深藏避网罗。远害全身诚得计，一生幽暗又如何？”唐代白居易在这首《山中五绝句·洞中蝙蝠》诗中诠释了古人对老鼠变蝙蝠的认识，也借描写蝙蝠的习性表达了作者于晚年生出的独善其身的避世心态。

大猩猩

大猩猩威利

>>

说起大猩猩，你可能印象不深，但只要你看过《金刚》这部影片，相信你一定对片中的主角儿记忆犹新，它的原型就是大猩猩，别称金刚猩猩。

大猩猩栖息于西非热带雨林中，身体粗壮，力大无比，且性格凶悍。除人类外，几乎没有动物是它的对手，当然，如果徒手肉搏的话，人类也将是它的拳下败将，因此，它有“大力士”的威名。

“大力士”虽是体型最大的类人猿，却是纯素食主义者，仅吃嫩叶、野果、竹笋等，也正因如此，它也是寿命最长的猿类。大猩猩全身长着黑褐色长毛，平时过着家族式的群居生活，由年老的雄性当首领，掌管群体的觅食、活动和安全，大部分时间在地面活动，晚上雌性和幼仔在树上睡觉，首领在树下倚树而眠。这一方面是因为雄性大猩猩身体粗壮，上树不方便，另一方面是要担负“警卫”任务。遇到险情时，它先让雌性大猩猩和幼仔躲起来，然后义无反顾地独自迎敌。首领性格凶猛，群体的各成员对首领都毕恭毕敬。如果异群个体或人类侵入它们的领地，它们就大声吼叫，不停蹦跳，把树枝折下来叼着，撸下树叶，撒得遍地都是，双手用力地拍打胸部，虚张声势地围着来者“呼哧呼哧”地跳跃，以使闯入者赶快离开它们的家园。

年方十八岁、身高一米七、体重一百八十千克的大猩猩威利，1996年从巴塞罗那迁至济南定居，由此，它开始了在异乡济南的新生活。

远看威利，一如拳击运动员，壮硕而凶猛。威利抵达济南那天，一走下汽车就抖了一回拳手的威风。由于工作需要，一名工作人员离笼舍的玻璃近了点儿，不想威利跳出运输笼对准近三厘米厚的三层防弹玻璃就是一脚，吓得那名工作人员来了个神速立定跳，逃离了玻璃幕墙，半天也没回过神来。

威利也有自己的“短处”，那就是它有三怕。一怕冷。早晨，即便大厅中有它最喜欢的美食，它也因卧室更暖和而懒得理会。二是怕蹲“禁闭”。威利在卧室休息时，不愿让关卧室门，一听到有动静，它就爬起来守住门口，以防保育员关门，但为了安全和保暖，保育员还是趁其睡觉时迅速把门关上。这时，听到门响的威利就会从床上坐起来，晃悠到门口，咣的一下抬脚踹门，过一会儿接着又踹，有时还大声吼叫，以发泄心中的不满。三怕惊扰。威利最怕只闻其声、不见其人的响动和闪光灯刺目的闪亮。只要一有这些刺激，它就烦躁得走来走去，不时地踹一下门，并大声吼叫。

也许，正是因为有了这些“短处”，威利才模糊了从不拿正眼瞧人的冷硬面孔，树起了可爱的硬汉形象。

狗

最早被驯养的动物之一——狗

>>

“藏于不竭之府者，养桑麻育六畜也。”《管子·牧民》中提到的“六畜”指牛、马、羊、猪、鸡、狗。生肖动物中也有狗的身影。可见，狗与人类的密切关系可以说源远流长。虽然狗在六畜中排在最后，在生肖动物中也只是排在第十一位，但狗却是人类最早驯化的动物之一。

狗既能协助人狩猎，还可看家护院，也能陪人玩耍嬉戏，可以说是人类最忠实的朋友。科学家从骨骼学特征推测狗起源于狼。研究发现，至少要经过五万年的进化，野生狼与狗才能有现今的基因差异，也就是说，有很大可能性狗已陪伴了人类五万年。

狗与人类文明的发展有着千丝万缕的联系。上古时期，人与其他野生动物互为猎物，由于狗的协助，人们提升了猎获其他动物的能力，有了蓄养其他动物的可能，才进一步发展了畜牧业，提高了生产力，逐步摆脱了野蛮，走向了文明，可以说狗有效助力了人类文明的发展。即使现代，狗还在给我们提供很多帮助，在牧业上看护放牧，如牧羊犬、山地犬、牧牛犬等；在军用警用上追踪、鉴别、警戒、看守、巡逻、搜捕、搜毒、搜爆等，如罗威纳犬、拉布拉多犬、昆明犬等；在生活上陪伴、导盲、防盗等，如贵宾犬、黄金猎犬等。

狗之所以能给人提供这么多帮助，是因为它们在嗅觉、听觉等方面都比人敏锐。狗对气味的敏感度是人的一千二百倍，它们的鼻子能辨别二百万种不同的气味，而且还能从混合的气味中嗅闻出要找的那种气味，正因如此，在医疗方面还利用了狗的敏锐嗅觉来辨识肺癌患者。狗的听觉感应力是人的十多倍，能听到的最远距离是人的四百倍，而且对声音方向的辨别也优于人。养过宠物狗的人，对狗的好听觉就深有感受，当我们对远处传来的声音一无所闻时，它们已经闻声而动了。

在我们的印象中，狼是狡猾凶残的，但那只是狼为了生存而进化的本能。而狗是动物界皆知的“好人”，无论哪种动物，只要与狗和睦相处了一段时间，都能处成“好朋友”的关系，狗能成为宠物界的明星也正是缘于此。狗的温驯、忠诚已融入人类的文化之中，文人骚客更是对狗不吝赞誉之词。“旧犬喜我归，低徊入衣裾。”诗圣杜甫在《草堂》一诗中就满怀感情地描写了在“飘摇风尘际，何地置老夫”的岁月里，旧犬喜迎主人归来的暖心一刻。“寒花催酒熟，山犬喜人归。”与杜甫同一时代的钱起在《送元评事归山居》一诗中也曾描写了相似的感情。魏晋陶渊明：“狗吠深巷中，鸡鸣桑树颠。”唐朝刘禹锡：“黄犬往复还，赤鸡鸣且啄。”宋朝梅尧臣：“荒径已风急，独行唯犬随。”等等，这些名人名句中都蕴含了对狗的喜爱之情。

狗有很多长处，当然也有不少“短板”。狗的汗腺不发达，所以它们很怕热，炎热天气里，它们只能张嘴伸舌流涎以降温，所以我们要给它们提供凉爽舒适的生活环境。狗对一些食物很敏感，如葡萄、牛油果、生鸡蛋等，进食这些食物后会引发疾病，甚至致命。狗喜欢集群嬉闹，不喜欢孤独，需要经常与同类接触玩耍，需要我们的陪伴。狗的寿命不是很长，大多在十至十五年，长的二十年以上，只相当于人类的五分之一左右。

狗是我们的朋友，给了我们很多帮助和陪伴，但是，它们也很脆弱，需要我们的呵护与关爱。

河马

河马夫妇

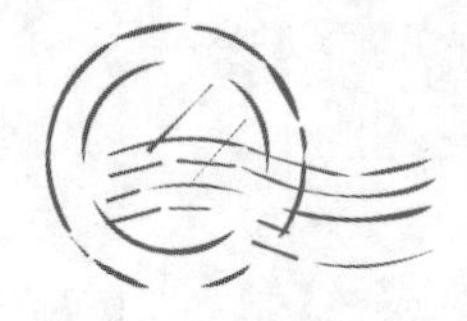

>>

河马是陆地上体型比较大的巨兽，体重一般三到四吨多。它有着胖大的头、簸箕似的嘴、铲子似的牙，小眼睛、小耳壳和吻端上面的鼻孔都生在面部，且同侧的三点在一条直线上（这样，它全身潜伏在水中时，只需将头部露出水面就能嗅、视、听兼呼吸了）。河马的这副尊容再加上粗圆桶似的身材，欣赏过它的人都觉得滑稽有趣而不觉其丑了。这可能正印证了美学上的一个原则：丑极生美。

动物园的河马“七妹”于1987年来到济南，当时它正是情窦初开的“花季少女”；“九郎”于1989年在济南落户，那时它已是充满成熟魅力的“壮男”。两位一见倾心，经过短暂的谈情说爱即结为夫妇。至今，它们已生养过两个孩子，其中一个不幸早夭，另一个现已长大，独立去找自己的生活了，这个“狠心”的家伙从走出家门就再也没有回来探视过父母。如今，“七妹”已三十七岁，“九郎”已三十五岁，这对老河马夫妇过得还不错，两口子相扶相帮，自得其乐。这不，前几天发生了一件着实令人感动的事。

那天，到了下午下班时间，想尽办法的保育员却怎么也不能把“九郎”收进内舍，每次这家伙总是从水中露出头来四下张望，好像在寻找什么，然后又沉入水中，任你几个人用竹竿吓唬也无济于事。几番折腾，在场的几个人想到：可能是刚才“九郎”没看见自己的娇妻已进了内舍，所以才逡巡不出水池。于是，趁着“九郎”又拱出水面的空当，保育员又让“七妹”露了露脸，与“九郎”对了对眼，这个大块头的“老头儿”才安步当车地踱着方步走进舍内，就像什么事也没发生过。

由于河马大而重，得了病治疗起来比较麻烦，所以通常以预防为主，如坚持进行笼舍及食物的消毒、经常换水等。但也有个别游客的不文明行为给保育员添了不少的麻烦，危害到河马的安全，损害到河马的健康。如，时不时地有个别人把冰激凌盒、空易拉罐、小石头等投进水里，河马嘴大，在水里吞吞吐吐，一旦误食这些东西将很难取出，至今“九郎”肚里还有一个未取出的易拉罐。我们呼吁文明观赏动物，希望人们能像爱护自己的孩子那样爱护我们的动物朋友。

野生河马栖息于河流、湖泊、沼泽等水草丰盛的地区。它们几乎光滑无毛的皮肤若长时间离水就会干裂，因此，它们整天泡在水里，在水里觅食、哺乳、交配、产仔。河马主要以水生植物为食，每天能吃一百千克以上的东西，水中食物填不饱肚子的时候，也在夜间上岸吃个消夜，有时到田里去吃庄稼，若放开肚皮大吃一顿的话，食量惊人的它们会损毁大量农作物。河马潜水时一般每隔三至五分钟即把头露出水面呼吸一次，有时也能潜伏在水下约半小时。它们喜欢集群泡澡、嬉闹，一般二十至三十头一群，有时可达百头。它们通常性情温和，但在发怒时也会撞翻小船伤人。它们无固定的繁殖季节，孕期约八个月，每胎产一仔。初生幼仔可重达四十至五十千克，哺乳期一年左右，三至五岁时就成年了，寿命一般四十年左右。

河马原来遍布非洲深水的河、溪中，现在范围在逐渐缩小，仅在非洲热带河流间能见到它们的身影。

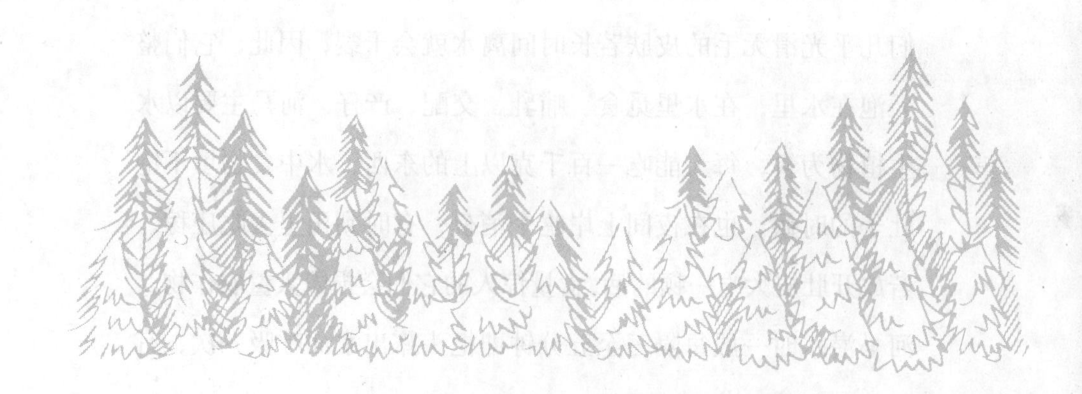

黑猩猩

人类的近亲——黑猩猩

>>

黑猩猩是当今地球上仅次于人类的高智商动物，是生活在非洲森林里的人类的近亲。

与大猩猩或是与人类相比，黑猩猩体型略显瘦小，但它们的力气可不小，浑身都是蓄满力量的肌肉，一看就是“练家子”；它们体毛粗短，基本不用理发就是天然的小平头，这也显出了向两旁突出的招风大耳，不过这样的大耳却与我们常说的大耳有福的福相不沾边，而是看起来有点外星人的模样；它们眉脊很高，眼窝深陷，估计下雨不打伞，雨水也淋不了眼；它们没有尾巴，这是类人猿与其他灵长类动物的明显区别，也从尾巴的角度印证了与人类的近亲关系。

黑猩猩喜欢群居生活，群内个体有一定的等级，一般由成年的雄猩猩担任首领，大家见了首领不但要主动让路，还要点头哈腰，并低声叫着以示顺服。首领则很大度地碰碰部下的手或摸摸部下的头以表示对顺服者的回应。正是首领有无上的权威，雄猩猩成年后都积极准备，瞅准机会就向老首领挑战，当然，只有既机智多谋又膀大腰圆者有成功的可能。除首领备受大家尊重外，群内其他成员的关系比较松散，只有少数个体很重情，或者说“爱情专一”。虽然如此，当遭遇入侵，或是与其他黑猩猩群体“擦枪走火”，同群的成员都很团结，它们众志成城，一致对外。

黑猩猩性情跳脱，喜欢流浪生活，每天上午在森林里觅食，午后玩耍一阵儿后，就在枝叶繁茂的高树上用长短粗细不一的树枝搭一架简易的床，天黑即睡，一觉睡到太阳照屁股，然后就又开始了新一天的流浪。若没有什么特别的大事，日子就这么平静地重复着。

之所以说黑猩猩是人类的近亲，还有一个有力的证据就是它们不但使用工具，有时也能制作简单的工具。它们主要吃果实、鲜叶和嫩芽，有机会也偷吃香蕉、瓜果；有时候也拿昆虫、小鸟和白蚁打打牙祭；吃腻了素食有点嘴馋了，它们就会去打猎，不惜花大力气集体围捕羚羊、野猪甚或狒狒、疣猴等动物，有所获即大家一起分享。捕猎时，它们还有战术，群内的成员分工明确，有追击的，有堵截的，还有中途埋伏的，猎物一旦被一群黑猩猩盯上，基本上凶多吉少，难逃厄运。黑猩猩的捕猎战术纯熟有效，难不成它们还熟读过《孙子兵法》？它们很喜欢吃白蚁，常挖空心思去采食，先用食指将白蚁洞捅大，再把捋掉叶子的树枝或草棍伸进洞里钓白蚁吃。口渴的时候，它们常把树叶嚼成海绵状，再用之吸取树洞中的积水，然后吮吸水分，以这样的方法来解渴对动物来说称得上是奇思妙想了。

与人类是近亲的另一个确证是黑猩猩有一定的逻辑思维能

力。科学家们曾经做过一个实验，把一串香蕉挂在室内的屋顶，让一只居住其中的黑猩猩去摘取。刚开始黑猩猩急得抓耳挠腮，任它浑身都是力气，也只能望“蕉”兴叹。后来，黑猩猩无意中看到了科学家放在屋子一角的几把椅子，于是它就吮着手指琢磨起来，一番苦思冥想之后，它把椅子摞起来。借助这些椅子它终于吃到了香蕉。据说，科学家不但教会黑猩猩认识阿拉伯数字，还教会了它辨别大小；有些黑猩猩还能听懂很多英语单词，并能借助打字的键盘进行简单的交流。看来，若对黑猩猩的智力潜能进一步深挖，一定会有很多惊喜。

黑猩猩主要生活在非洲赤道附近的雨林中，由于人类对其生存空间的不断挤压，它们的栖息地严重碎片化，没有了交流通道，各群体基本彼此隔离。目前黑猩猩已极度濒危，虽然国际上也采取了相应的保护措施，但黑猩猩的命运仍然令人担忧。

黑熊

“憨憨”的黑熊

>>

大多数人逛动物园时都会长时间逗留在黑熊的展区，因为黑熊们憨态可掬的样子常逗引得人们不肯挪动脚步。其实，看似有些笨拙的黑熊有你意想不到的聪明劲儿。

黑熊身体粗壮，除前胸有一“V”形白斑外，全身乌黑油亮。它们有垂直迁移的习惯，夏季活动在高山森林里，冬季则多转移到低海拔的林地。生活在北方的黑熊还有冬眠的习性，秋季它们使劲地吃，把自己养得胖胖的，寒冬来临，就猫在洞中，不吃不动，半睡半醒。这样猫着，既节省了体能，又躲过了寒冷，可以说是黑熊们虽无奈却很聪明的策略。翌年天气转暖，它们就又开始了新生活。

黑熊特别喜欢吃蜂蜜。在野外，它能根据蜜蜂的飞行方向寻找蜂巢，也常因贪吃捅蜂窝被蜇得鼻青脸肿。挨蜇时，它一边跑，一边乱抓脑袋，有时还痛得嗷嗷直叫。过几天被蜇的地方消了肿，这种“闹剧”还会重演一次，好像它从没吃过苦头似的。别看黑熊平时样子很笨，却是爬树能手，“噌噌噌”三两下就能爬到树顶，然后坐在树杈上一顿玩。不过，它很贪玩，上树时循规蹈矩地往上爬，下树却不走寻常路，在快到地面时，常性急地一屁股坐下去，仗着皮糙肉厚，不怕摔疼了屁股。

别看黑熊平时走起路来慢腾腾的，其实它的行动力很强，很有些大智若愚的范儿。比如说游泳，溜得很呢！熊掌左摆右摇像桨一样划水，整个身体浮游在水面上像一只鼓足气的皮划艇。动物园里的黑熊大多见多识广“鬼”得很，如果抛给它们食物，它们会恭敬地行举手礼，而且肥肥的腰肢还扭啊扭的，很高兴的样子；如果只是逗它们玩而不来点实惠的，它们见从你这儿榨不出油水，就会悻悻而去。

黑叶猴

黑叶猴一家

»

自从在济南落户，一直举案齐眉的黑叶猴夫妇喜事不断，连年添丁，如今已是五口之家，夫妇俩仍然如胶似漆、和睦如初，小家伙儿们也都爱玩爱闹、健康顽皮。

黑叶猴除两颊长有两道胡子似的白毛外，全身毛色乌黑油亮，所以人们又叫它们“乌猿”。有趣的是，小猴生下来却通体金黄，体毛细软似金丝猴，以后慢慢变黑，半年后才完全褪去胎毛，长成父母的模样。

小黑叶猴刚出生时才五百克左右，可是，你别看它小，生命力却很强，出生不久，它就循着妈妈的乳香，拱啊拱地奋力钻进母猴的怀里，贪婪地有滋有味地吮起了乳汁。一个月后，仍整日需要母猴抱在怀中庇护的它，就极不安分地趔趄着身子，伸出细嫩的小手东抓一把西抓一把，好奇地要弄着地面上父母很爱吃的嫩枝条，这小东西整个一副小可爱的模样。两个月后，被母乳滋养得很壮实的小黑叶猴就更不安分了，时不时挣脱母猴的怀抱，虽仍有些蹒跚，但不服输地满地乱爬。三个月后，已足够硬朗的它，好像终于自由了似的，一天中的大部分时间都在活蹦乱跳地独自玩耍，这段时间，除了感到饿了需要吃奶，已很少再留恋母猴的怀抱。

动物界的原则是强者优先，这一点在动物们采食时体现得尤为明显。作为在动物界比较高等的黑叶猴也不例外，进食时，即便只有夫妇俩，还是有先有后，每次总是公猴先把可口的食物抢在手中，坐在一边独自享用，然后母猴才小心翼翼地去拿一些食物来果腹。自从小猴出生后，虽然进食时公猴依然如故，但此时对母猴却温柔体贴多了。母猴携仔停歇时，公猴总是守护在一边；母猴携仔活动时，公猴也常不离左右；闲暇时，公猴还会给母猴理一理毛。

黑叶猴是群居的，不仅母猴爱仔，公猴也很喜欢幼仔，常常从母猴怀中抢抱幼仔。在动物园内的黑叶猴展区，你时常会看到这样的情景：公猴给母猴理完毛后，先是用手轻轻地抚摸小猴，等母猴不太在意时，它就去抢抱母猴怀中的幼仔了，但是母猴很不情愿放手，常出现相持不下的局面，但过一会儿总会有一方放手，大多是公猴很失望地松开手，好像是不让它尽父亲的责任它很不满意，满脸不高兴地蹲坐在一边。

黑叶猴是一种比较脆弱的猴类，它畏寒怕热，对外界的抵抗力也较差，再加上它需要采食多种树叶，在人工条件下很难饲养繁殖，而且野生黑叶猴的数量也不多了，现在世界上仅存数千只。黑叶猴是一种珍稀濒危动物，鉴于它们的生存状况不断恶化，在世界上受到了广泛保护，在我国更被列为一级保护动物。

呼猿

善歌的呼猿

>>

呼猿是白眉长臂猿的俗称,这伙计平直的短发,雪白的寿眉,尖嘴塌鼻，臂长腿短，长得虽有点滑稽，却天生拥有一副能唱出嘹亮悠长高音的好嗓子,小朋友们都亲切地叫它“白眉大侠”。

每天清晨天刚蒙蒙亮，这伙计就起床吊嗓子了，先是“e、e”地低咳两声，然后就“wu—e、wu—e”地叫起来了，调急、声脆、音亮,其声数里可闻。李白在《朝发白帝城》一诗中吟道:“两岸猿声啼不住，轻舟已过万重山。”诗中的“猿声”，大概就是指呼猿的叫声吧。假如围观的“老票友”们再叫上两声好,这伙计就更来劲了,一边长叫,一边抓住笼网“哐哐”地跳,一副手舞足蹈的兴奋样儿。

这伙计经年不辍地练功吊嗓也一定是为了成为“角儿”吧。要不，每逢休息日、节假日观众多的时候，它就开始表演了。你瞧它,先是甩着两条长臂,迈着摇摇晃晃的八字步走到前台,然后干咳两声，接着就行云流水般地开唱了。每逢此时，观众都忍不住叫好，这伙计也就唱得更卖力了。

你一定有点纳闷儿，呼猿为什么有这么好的嗓音呢？原来，它喉部有声囊，这正如乐器中的共鸣装置，呼喊时，声囊膨胀，声音就变得高亢嘹亮了。

笔者也有点期待，我们人类的高音歌唱家们若与呼猿一起练嗓，会不会飙出更美妙的高音呢？

金丝猴

友爱互助又竞争的金丝猴

>>

在动物园里，金丝猴们的生活空间与野外相比要狭小得多。为了金丝猴能舒适健康地生活，保育员们精心管护，让这些国宝动物吃、住、行均无忧无虑。因此，金丝猴们的行为与野生条件下存在很明显的不同，大多数情况下，它们能和睦共处、互助友爱，但个体间也存在比较明显的竞争。

竞争最激烈的是采食。在动物园里，虽然食物很丰富，但总有些食物是金丝猴们很喜欢吃的，如鸡蛋、红枣、花生等精料，还有苹果、桃、西瓜等瓜果，而有些食物则是为了填饱肚子才不得不吃的，如各类树叶等粗料。在相对狭小的空间里，金丝猴们势必都想先抢到那些自己喜欢的美味，因此，在同一空间内的不同个体间也有很激烈的采食竞争，而且采食竞争是群体内最激烈的竞争。最强势个体蹲居在食物分布区的中心地带，它们采食完手中的食物后，才去捡取别的食物；弱势个体各自占据食物分布区边缘地带的不同地域，尽可能多地迅速捡取食物抱在怀中，然后，有的在远离强势个体的地面进食，有的跳到高处的栖架上进食。等怀中的食物采食完后，它们就在强势个体的周围游走，乘强势个体不留意时，迅速抓取少量食物逃避到远处进食；有时会被强势个体追赶，它们就边跑边快速采食。一般情况下，弱势个体的采食速度明显快于强势个体，采食时仍保持警戒状态，以防强势个体追赶抢夺。

单就空间竞争而言，金丝猴个体间很少有激烈的行为表现，这是因为，为了安全和便于管理，保育员平时总是让体型力量相近的成年雄性个体生活在不同的笼舍内，同笼生活的个体因力量悬殊，等级序位明显，强势个体主导着空间的分配；另一个原因可能是，在圈养条件下，空间要素已不是生存的关键要素，即不会因空间位置的不同而增加危险的程度。但是，由于等级序位的存在，强势个体往往会占据更有利的空间，例如，食物分布区的中心地带，更有利于休息的栖架，冬天更易取暖的地带，夏季更易乘凉的地带等。除在食物分布区的中心地带，在其他有利的空间内排他性不明显，它们往往可以和平地共同享有。

金丝猴是季节性繁殖动物，这与它们的食性密不可分。它们在每年 9 月进入发情交配期，这时气候凉爽，树叶种类丰富，各种瓜果类也正处于成熟期，有助于妊娠母猴摄取营养，保证胎儿的正常发育。经过近七个月的妊娠期，在翌年的 4 月初，分娩产仔。金丝猴的交配行为除与繁殖期有关外，还与气候、温度、人为干扰有关，天气晴朗、温度适宜、游客数量少时交配次数频繁，相反，交配次数减少。每天的交配时间大多发生在上午的九至十一点和下午的二至四点，中午交配行为发生的次数最少。从开始爬跨至交配结束平均持续时间为十多秒。交配后雌猴与雄猴常互相拥抱、梳理毛发。

成年金丝猴择偶性虽然不是很强，但对异性还是有些“以貌取猴”。成年雄性优先选择体况良好、体态略丰满的适龄雌性为配偶，而成年雌性常钟情于体格强健且勇猛的壮年雄性。因此，成年雄性常在雌性个体面前显示自己的威猛，尤其是在繁殖季节，当有其他成年雄性在附近时，它常主动出击，威吓、扑打别的雄性。若对手不回应它的挑战，它就绕笼蹿跳并猛踹笼网。得宠的雌性个体常不惧怕配偶，主要表现在当它的食物被配偶抢走时，它会奋力追撵、撕拽配偶以发泄不满，而雄性却很少表现有力的反击。成年雄性与非得宠成年雌性交配次数要明显少于得宠雌性的次数，平时也很少与它们待在一起。一个有趣的现象是，非得宠成年雌性主动邀配的次数也明显少于得宠雌性。在繁殖季节，当同一笼中缺少雌性个体时，强势雄性个体时有爬跨弱势雄性个体的情形。在繁殖季节，雌性个体常表现主动邀配雄性的行为，即在雄性面前慢跑，然后以臀部对着雄性趴伏在地面（多数情况）或栖架上（偶尔），并甩尾。观察表明，受到邀配的雄性大多会回应邀请，上前交配，只不过有的雄性表现得很急迫，有的则不急不慢地走过去，也有雄性不理睬雌性邀配的现象。妊娠期内的雌性一般会拒配，即使雄性强配，雌性也不配合。受到几次拒配对待后，雄性也不再过分纠缠，因此，在这段时间内，雄性强配的次数也不是很多。

雄性个体，尤其是较年轻的个体，对刚出生不久的幼猴很好奇，常从母猴怀中抢夺幼猴，而母猴不愿放手，因此，常出现各执幼猴一端的情形，而有过几次繁殖经历的雄性个体很少强行抢夺幼猴，只要母猴不放手，它们就不再坚持。

金丝猴是群居灵长类动物，有较明显的社会性，因此它们的社群行为很丰富。

最常有的社群行为是个体间的梳理行为。金丝猴的梳理行为既有清洁卫生功能，又是沟通感情的渠道。清洁卫生功能主要体现在：梳理者把被梳理者体表的寄生虫及皮肤分泌物的结晶颗粒扒拣出来吃掉。被吃掉的寄生虫及结晶颗粒也可能为梳理者提供了营养元素的补充。沟通感情的证据有：当雌性邀配成功后，常主动为雄性理毛，然后雄性也为雌性理毛。只不过雌性梳理雄性的时间要明显长于雄性梳理雌性的时间。由成年雌性发起的社会性梳理与自我梳理行为明显高于雄性和幼猴。成年雌性给成年雄性梳理的次数多，持续时间长，一方面是感情交流的表现，另一方面也是等级地位的体现。成年雌性梳理幼体及自我梳理的时间均较长，说明梳理行为确有明显的清洁卫生功能，同时，梳理行为的发起次数与持续时间长短和个体的等级序位存在关联。

拥抱行为在金丝猴社群生活中有很积极的意义。成年雌性与幼猴拥抱行为的次数明显高于其他组合，这说明拥抱对育幼，或者说对幼猴的发育是非常重要的。雌猴与幼猴拥抱行为的生物学意义主要是有利于幼猴吮乳、取暖、躲避危险、休息，还便于母猴携幼猴逃避危险等。雌猴和雄猴的拥抱行为也经常发生，这说明拥抱行为是成年雌猴与成年雄猴沟通感情的主要渠道之一，这从成年雄猴与成年雌猴交配后迅速拥抱在一起的行为表现也能得到证明。与梳理行为相比，在感情沟通方面，拥抱行为更为关键，尤其是对成年雌猴和成年雄猴来说，因为它们交配后，经过短时间的拥抱后才互理毛发。

在社群行为中，金丝猴的游戏行为也相当丰富。游戏行为主要发生在幼猴之间和成年雌性之间，这说明游戏行为对幼猴的发育至关重要，它们通过游戏练习跳跃、攀爬、争抢等技能，同时也锻炼了体质。成年雌性之间的游戏行为较丰富，说明游戏行为在成年雌性的感情沟通方面起着关键作用。经过观察，还可以看出成年雌性之间理毛、拥抱行为也常发生。

在野外，金丝猴生活在高山密林中，具有典型的家庭生活方式，大家族的个体间互助友爱，同吃同耍同栖，除在交配季节成年雄性间争夺配偶的行为较激烈外，个体间很少有很明显的争斗行为。在动物园里，由于空间限制和人为干预，金丝猴们的行为模式更趋多样化。

金丝猴

国宝金丝猴牛牛是个小顽皮

>>

大熊猫的大名家喻户晓，金丝猴的名气就小多了，很多人不知道金丝猴也是我们的国宝动物之一，今天故事的主角就是一只小金丝猴，它的名字叫“牛牛”。

牛牛今年两岁，刚出生时，它只是个不足五百克重的小不点，待在母亲怀中，一副小可怜样儿，现在的牛牛可皮得要命。每当保育员把新鲜枝条放进它的小庭院里，这小家伙儿总是先挑最长的一枝拖着满院乱跑，一路舞耍，从地面跳到栖木上，然后跳到秋千上荡几下，再从几米的高处跳落地面。玩了一通后它才安静地待在栖木上啃食。每次一把水盆给它端进去，这小家伙儿总是先美美地喝上几口，然后再把水盆掀翻（它也鬼得很呢），拿着水盆蹿高蹦低到处乱丢，不出一个星期，崭新的一个铝盆就能被它摔得伤痕累累，到处漏水。

牛牛很喜欢荡秋千，坐着荡、站着荡、吊着荡……花样可多呢！可是，它的秋千就遭罪了，一个月坏三四次。牛牛还很喜欢玩球，不过它可不遵守什么球场规则。有时捡起球站起来摇摇晃晃地走几步，一个猛掷，接着一个前扑，肚皮贴地滑出去老远再把球抢到手。它这一套动作玩得还挺娴熟的。

牛牛皮归皮，但有一个很讨人喜欢的优点，就是不认生。只要你逗它玩一会儿，给它点好吃的，它很快就能跟你玩在一起。这时你可别怯场，牛牛要抱你的腿了，然后就会爬到你身上，让你抱一会儿。若你有点紧张地抱着它不敢动的话，它就在你怀里扭来扭去，急欲离开；若你放开胆子再引逗它，它会跟你闹个没完，一会儿跳起来拽你的衣服，一会儿抱你的胳膊，还不时轻轻咬你的手，当然，只会留下两排细细的牙印儿。

一旦你跟它混熟了，下次你再来时，它就会像老朋友一样“啊啊”地轻唤着靠近你，让你给它挠痒痒。这时，你若喊“牛牛”，它也“哦哦”地应答。若是不熟悉的人喊它，它才不理呢。

金丝猴

金丝猴东东的幸福生活

>>

当人类社会已进步到一夫一妻制时，动物们仍保留着“娶妻纳妾”的风习。动物园里的金丝猴东东就娶有一“妻”纳有一“妾”。

东东强壮、暴烈，披肩的金丝长发，靛蓝的面孔，上翘的鼻孔，肥厚的阔嘴两侧还有两个肉瘤，脾气一上来总是上蹦下跳。平时总一本正经地板着脸，可骨子里却是“多情”的。它于1992年5月与原配“夫人”兰兰定居济南。这时的兰兰已八九岁了，对金丝猴来说这已过了二八好年华，正如一朵盛开的玫瑰，艳则艳矣，却退去了含苞待放的风韵。刚到济南时，东东和兰兰相依相扶，平淡度日，直到有一天，月月闯进了东东和兰兰的家，它们平静的生活就起了波澜。月月秀丽妩媚，温柔如水，年方五岁（这正是金丝猴的妙龄时期）。多情的东东与月月一见倾心，整日形影不离、卿卿我我，而兰兰则形单影只。

月月很会讨东东的欢心，经常为东东细心梳理长长的金发。东东也很怜惜月月，活动时，常跟在月月前后；休息时，常和月月相偎在一起，真好似天上的比翼鸟，地上的连理枝。直到有一天，兰兰为东东生下了一个宝贝“儿子”，东东对兰兰的态度才开始有所好转。兰兰抱着幼猴在栖木上休息时，东东就待在一边作观望守护状；兰兰携幼猴四处活动时，东东也鞍前马后地跑。有时月月想靠近携仔的兰兰摸一摸幼猴，东东则虎着脸把它扒拉到一边。这真是母凭子贵啊！随着岁月的流转，兰兰、月月又分别为东东生下了“女儿”。这下可喜坏了做“父亲”的东东，一会儿摸摸小猴，一会儿想伸手抢抱。而护仔的“母亲”们又不愿让它抱幼仔（大概是怕粗手笨脚的“父亲”弄疼娇小的“女儿”吧），常出现互相争抢幼猴的场面。这下可急坏了照管它们的管理人员，为了幼猴安全着想，只好让东东独处一室成为孤家寡人，每天它与其“妻妾子女”们只能隔笼相望了。

每天眼巴巴望着隔壁温馨场面的东东，总想着与妻女更接近些，活动、休息都尽量靠近隔网，有时候，母猴携幼仔靠近时，它就尽力地把手指头伸过网眼儿，小心翼翼地触摸小猴，眼中满是温情。这也真是父爱如山啊！

东东与家人虽彼此隔离，却能相守相望；虽相望相守，却还是彼此牵挂，这就是它们幸福的一家。

心中有牵挂是快乐的，天天有人牵挂是幸福的！

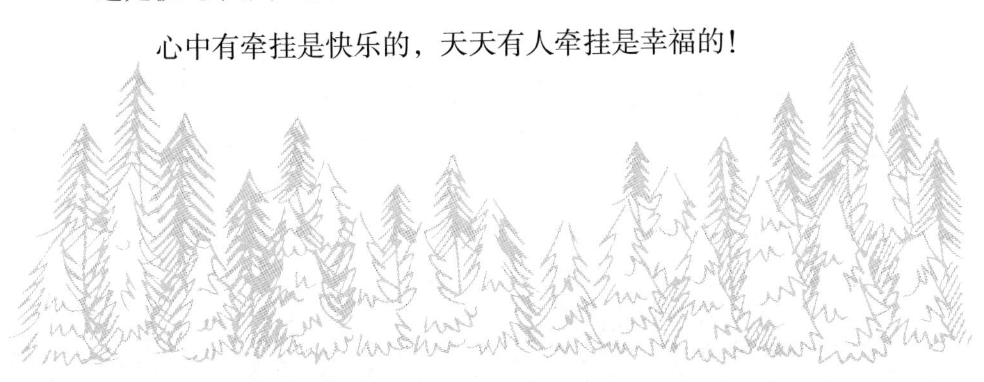

金丝猴

金丝猴兰兰母子

>>

动物园的高龄金丝猴兰兰又喜得贵子，保育员给这个出生月份有点晚的小家伙儿起名“壮壮”，祝愿它能健康壮实地长大。

壮壮已是兰兰到济南后繁育的第四个孩子了，之前的三个子女，都是出生半个月后才敢离开兰兰的怀抱抖索着爬一爬，这个小壮壮，出生后一周就敢离开妈妈，开始为自立练功夫了。在济南，金丝猴一般是在4～5月出生，孕育幼仔的母猴要经过青绿食物相对匮乏的冬季，尽管有保育员的精心照料，对以青粗饲料为主食的金丝猴来说，营养方面难免不够全面，孕育的幼仔虽然也很正常，但体质相对有些弱；而小壮壮8月才出生，怀孕期的兰兰经过了一个青绿树叶丰富的夏季，营养更加全面，孕育的幼儿也更壮实。看来，给这个有点另类的小家伙儿起名“壮壮”也是名副其实。

这小家伙儿常在笼网上小心翼翼地爬，在地面上一跳一跳地蹦跶，有时还跟它的两个姐姐鲁鲁、泉泉（它的大哥就是顽皮的牛牛哦）开个玩笑——用它稚嫩的小手去抓它俩正在采食的水果。这两位比它大了一岁多点的姐姐并不把它推开，只是有点烦地扭过脸去继续采食。这小家伙儿也很识趣儿，一跳一跳地独自玩了一会儿，看到地面上有块好吃的苹果，它就两手摁着使劲地啃，可牙齿还没长好，怎么也啃不动，有点着急的它又去啃另一块、又一块、再一块，还是啃不动，万般无奈下，它“啊、啊”地叫着钻进兰兰的怀里，好像受了很大的委屈，样子娇憨可爱。这时候的兰兰就很慈爱地搂抱着小壮壮，端庄慈祥，任由小家伙儿在怀里扭来扭去也泰然自若。

兰兰的年龄有些大了，它的牙齿都有些松动，门牙已掉了两颗，这不仅有损它的风韵，也很影响它采食。于是保育员就更加细心周到地照顾它，给它开了特别的“小灶”，尽可能喂给它较软的食物，把稍硬些的食物切成小块，窝头、鸡蛋、饼干、红枣、花生等保证营养的食物都手把手地递给它，在保证了采食量的同时，也保证了它在孕期内能获取丰富的营养。高龄的它能生一个健壮的宝宝，保育员可是付出了不少。

老年得子的兰兰又为我们的国宝金丝猴大家族做出了新贡献，我们祝愿这种美丽的珍稀动物族群不断壮大，子子孙孙繁衍不息。

金丝猴

金丝猴骐骐和萌萌

>>

骐骐比萌萌大两天，它们是同父异母的“姊妹儿”，而它们的相貌和性格却相去甚远。

萌萌敦实，骐骐瘦削；萌萌圆圆的眼、圆圆的脸，而骐骐圆圆的眼、皱皱的脸；萌萌一副快乐平和的“傻妞”样，骐骐则一脸多愁善感的“娇妹”相。如果你看过《红楼梦》，你一定会说：这不是活脱脱的林黛玉和薛宝钗嘛。

常言道：儿随父，女随母。这话很有道理。

由于受母亲的影响，骐骐胆子非常小，一有生人靠近，它就“啊、啊”地叫着钻进母亲怀里。有时，即使是熟人走过身边，它也是手忙脚乱地爬到高处去。“开饭”时，等保育员走开后它才敢爬下来拿食物，一有风吹草动就赶紧跑，“可口美味”也顾不得了。因此，已四个多月了，骐骐几乎全靠母乳生活。骐骐还非常依恋自己的母亲，可这不完全是骐骐的错。母亲溺爱“女儿”，走动休息都携女同行；平时磕磕绊绊的，只要一听到骐骐“哦、哦”的叫声，她就紧忙跳过去把它抱在怀中。

这真是“含在嘴里怕化了，捧在手里怕碰着”。

萌萌有一位闲散、平和的母亲月月，因此，它生下来一个多月就不怕生人了。如果你拿点吃的靠近，它就从高处跌跌撞撞地爬过来，伸出纤弱的小手去抓食物。刚开始时，它还抓不牢，急了眼，就直接用嘴去衔，慢慢地它就会用手拿着一点一点地吃了。这小家伙儿有时还靠近你，或拽拽你的裤腿，或摸摸你的鞋。平时，除了哺乳、休息，月月很少管束萌萌，因此，它形成活泼好动的性格就在情理之中了。

时光荏苒，两“女”渐长成，相貌做派越来越酷似其母，这正应了那句老话：有其母必有其女。

老虎

老虎也温柔

>>

说起老虎，众人皆知“老虎屁股摸不得”“一山不容二虎”，还有诡诈的狐狸只有借助它才能“狐假虎威”。可是，老虎也是有温柔的一面的，恐怕很多人对此知之甚少。笔者有幸感受了一回老虎的温柔。

一天凌晨三点多钟，东北虎顺顺产下了一对双胞胎姊妹花。它们出生时，电闪雷鸣、风雨交加，大自然也用自己的威势来祝贺百兽之王的诞生，姊妹花由此得名雷雷、鸣鸣。

两个小家伙儿刚出生时不但爬得很不协调，就连眼睛也不能睁开，一如襁褓中的婴儿乖巧且无助。只在饿的时候“嗷嗷”地叫几声，这叫声只有让人怜爱的温柔，并没有百兽之王的威慑。一个多礼拜以后，它们才睁开眼睛张望还有点陌生的世界，可是它们对虎妈妈却一点也不陌生，因为在日复一日的耳鬓厮磨中，它们早已熟悉了妈妈的味道。这段时间，虎妈妈对两个宝贝疙瘩可是疼爱有加，除哺乳、逗弄以外，还时时关注着小家伙们的安全，一有惊动即把小虎叼含在口中四处寻找更安全的地点。这真是捧在手中怕碰着，含在嘴里怕化了，极尽母性的温柔。出生二十多天以后，小虎们才能蹒跚学步，这时的虎妈妈更加忙了，除了哺乳，还要教小虎们走路、嬉戏、扑咬的本领。天气热时，还得陪着小虎们在水池中戏水玩耍。虎妈妈除了在小虎们休息时能歇一会儿，整日忙前忙后。

为了虎妈妈的健康，也为了小虎们能早日独立，在虎仔们能独自吃肉时，管理人员就让它们分笼生活了。分开后的头两天，小虎们一副六神无主的样子，四处寻找妈妈的怀抱；而虎妈妈却显得悠闲自在，好像终于卸下了沉甸甸的包袱，很轻松的样子。但是，到了第三天，小虎们慢慢适应了没妈妈自己过的日子，而虎妈妈却母性大发，急切地寻找小虎们的身影，不时扒着隔壁的笼网翘首张望，吃肉的时候也总是剩那么一小块儿。刚开始时，管理人员以为是虎妈妈心情不好，饭量下降了，可是，投放的肉减量后，它仍然剩下一小块儿。这样的日子过了有十多天，虎妈妈的情绪才稍微平静了一点儿，但是，肉还是会剩下。

管理人员经过认真观察，终于明白了虎妈妈的良苦用心：那剩下的肉原来是它给小虎仔们留下的饭啊！

真是可怜天下父母心！

鹿

呦呦鹿鸣

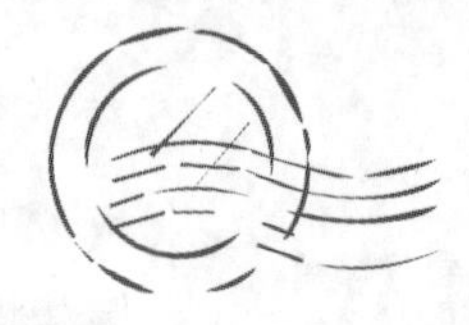

>>

如果你特别喜欢鹿，你一定会觉得它机警、敏捷；如果你只是把它当成一种普通的动物来看待，你一定会觉得它胆小、善逃。但是，不管你怎么看，鹿确实体型健美，行动敏捷，即使在惊慌失措的逃跑中，仍能表现得优美而潇洒。无怪乎几千年来，人们一直视它们为仙兽。

“鹿寿千岁，与仙为伴。”“闲骑白鹿游三岛，闷驾青牛看十洲。”“千年苍鹿驯如马，献与仙翁一只骑。”从东晋葛洪的《抱朴子》，到唐代吕岩的《七言》，再到后来邓林的《鹿》，我们都可以很真切地感受到鹿在人们的精神世界中是与老子的青牛并驾齐驱的仙兽。

在古代，鹿还是瑞兽。《宋书·符瑞志》说：“麒麟者，仁兽也……凤凰者，仁鸟也……白鹿，王者明惠及下则至。”把白鹿与麒麟、凤凰等放在了同等地位。宋代丁谓在《鹿》诗中云：“赋命斯千载，登仙托五云。发祥呈玉质，标异冠星文。”这些记载和诗句都充分诠释了古人已在思想深处把鹿当成了瑞兽。鹿还代指禄，在民间，福禄寿三星的形象中，很多地方的禄星形象即是一名穿大红官袍的官员骑在一头梅花鹿上，寓意“进禄”。鹿还喻指权力，如成语“逐鹿中原”，史学家司马迁在《史记·淮阴侯列传》中说：“秦失其鹿，天下共逐之。”唐太宗李世民在《冬狩》一诗中感慨道：“楚蹯争兕殪，秦亡角鹿愁。”这些记载和诗句都说明了鹿与权力的相关性。这应该与古代帝王平时练兵的主要方式多为以鹿为主要狩猎对象有关，而练兵的主要目的就是夺取或守护权力。

“呦呦鹿鸣，食野之苹。我有嘉宾，鼓瑟吹笙。”“树深时见鹿，溪午不闻钟。”“霜落熊升树，林空鹿饮溪。”从《诗经·小雅·鹿鸣》，到唐代李白《访戴天山道士不遇》，再到宋代梅尧臣《鲁山山行》，我们感受到了古人对鹿的喜爱之情。因为鹿象征着闲适隐逸的生活，这也正是很多古代文人追求向往的。

鹿也与路相通。除成年雄鹿大多单独游荡外，雌鹿和幼鹿常成群结队出行。鲁迅先生在《故乡》一文中说：“其实地上本没有路，走的人多了，也便成了路。”其实，在古代，成群结队而行的鹿群在山林草原间踩出了很多无名之路，有些路被人们扩大，成为人们出行的必由之路。套用鲁迅先生的话来说就是：“其实地上本没有路，鹿群常走的地方，也便成了路。”7～8月的时候，如果你经过动物园的鹿苑，在还离得很远时，就会听到很有穿透力的“呦呦”声。走近了你会看到一群“呦呦”叫着的鹿排起很整齐的长队在鹿苑内不停地逡巡。你一定很奇怪这群鹿是在寻找什么吗？没错，这是一群处在繁育期的雌鹿在寻找它们的“白鹿王子”。若它们这么任性地踩下去，鹿苑内迟早也会形成路。

现在的人们大多是现实的,在大部分人的意识中鹿即是鹿，是一类生活在森林、草原地带的喜欢吃青草、树叶、果实的偶蹄目动物，很少把它们与仙兽和祥瑞联系起来。然而，呦呦的鹿鸣声穿越了几千年，至今并未消失，你除了能在动物园的鹿苑内听到这种或悦耳或烦扰的声音，还能在现代艺术的空间内时时听到回响。

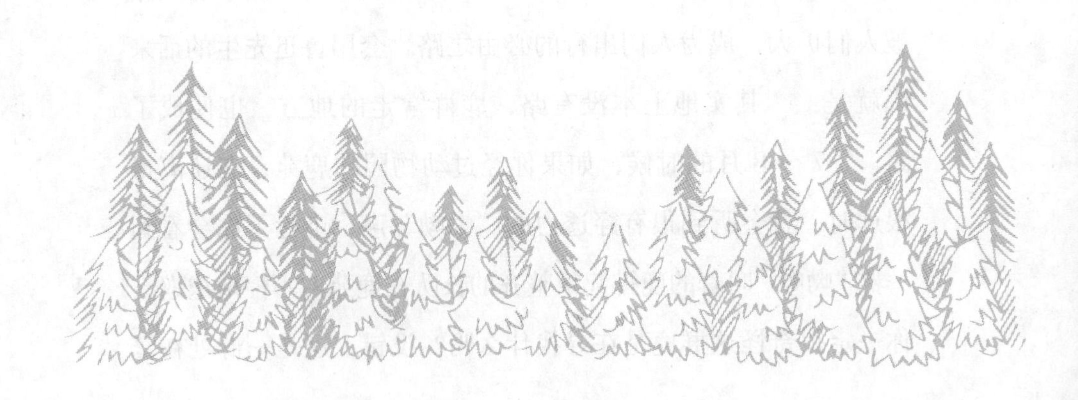

猴

猴山里的猴儿们

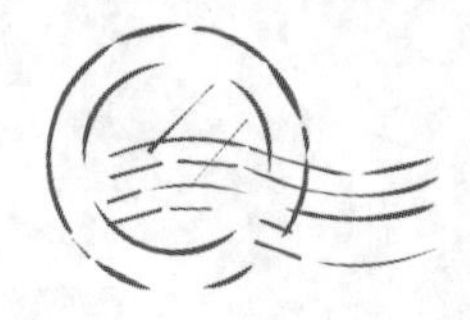

>>

“猕猴看枥马，鹦鹉唤家人。”自古猕猴就与人有解不开的缘分，到了现代，动物园的猴山更是大人孩子都喜欢逗留的地方，给猴儿们投喂一些食物，再观赏一下或沉静一隅或嬉闹攀跳或蹲坐候食的猴儿们的灵动顽皮，自有一番情趣。

猴山是猴儿们的领地，作为局外人你可以尽情欣赏猴类世界的精彩，可一旦你深入腹地，就仿佛进入陌生的国度，若你还想近距离接触这些猴儿们，那你就要费尽心机了。有一项科学研究需要近距离观察一只公猴的情绪变化，于是，工作人员就制订了几套从猴山里捕捉猴子的方案。

第一套方案是用注射了麻醉药的饼干投喂，麻倒后再下去捕捉。可是，这些猴子精得很，一看到穿迷彩服的工作人员围在四周，很快都逃到了山上，任你投喂再多的饼干也没有猴子过来采食。然而，据猴山的管理员说，这些聪明的猴子一看到小朋友就围过来，即使不投喂食物，它们也会很快凑到近处，一个个翘首等待。只要你去过动物园，相信猴山里的这一幕一定给你留下了很深的印象。

第一套方案已被猴儿们看穿，那就实施第二套方案——用吹管麻醉吧。然而，这些早就知道吹管厉害的猴儿，一看到有人拿着一根发亮的长管子走近，有的藏到石缝中，有的躲进了洞里，有的就跟人打起了游击战，你东它西，惹不起躲着走，看你能奈我何。看到这种情形，有的工作人员就用石子投吓，想把猴子逼到一边。可是，用小石子投过去，它不但不怕，反而很灵巧地闪避开；若用大一点的土坷垃投过去，它就逃之夭夭了。人们用尽了两种常用的方法，折腾了半天也毫无所获。于是，决定第二天再实施一个新方案。

新方案就是让猴子们饿一段时间，等上午快喂料时再由穿着普通衣服的工作人员投喂已注射了麻醉药的面包。这一招还比较管用，可是，还有一个问题，那就是强悍的猴王总是先抢食。但是，工作人员并不想把猴王逮走，因为那样猴山里就乱了套，那些猴子为了王位非发生战争不可。后来，工作人员发现，猴山里的“二王”并不太怕猴王，也敢上前抢食。于是，当“二王”靠近时就把浸有麻醉药的面包块投过去，“二王”毫不客气地拿起来就塞进了嘴里。可是，人们等啊等啊，等了快一个小时了也未见“二王”被麻倒。看来是因为“二王”体格粗壮，抗药性比较强。于是，经过商议，五六个工作人员手拿套网等工具开进了猴山。进山后，工作人员瞅准“二王”一顿猛撵，可是，猴儿们在猴王的带领下与人展开了地道战。吃了麻药的“二王”虽有点腿脚不利索，但还是比人灵活。经过近半个小时的苦战，已如惊弓之“猴”的猴儿们在猴王的带领下多次成功突围。可是，这时的“二王”却再也跑不动了，拖着疲累的四肢，跑不多远就扑倒在一个小坑洼中。说时迟那时快，紧随其后的工作人员赶快用网套住了这个已苦撑了近半个小时的“二王”。

人猴大战，人获胜，但人借助了诸般工具，总有胜之不武之嫌。“唯有猕猴来往熟，弄人抛果满书堂。”唐人于鹄就体验到了猴儿们的聪慧狡黠，若人和猴儿都徒手置身茂密的丛林中，很难说谁占优势。

麋鹿

走近麋鹿

>>

漫步在动物园的草食动物区，常看到一群非常奇特的鹿，走近它们，你会发现这群鹿的与众不同之处，尾似马非马，角似鹿非鹿，蹄似牛非牛，颈似驼非驼，人们都叫它“四不像”，动物分类学家给它起了个“麋鹿”的学名。

麋鹿是我国特产的大型鹿科动物，二十世纪初，野生种已灭绝。化石考古发现，麋鹿曾广泛分布在我国各地，南至钱塘江，北至辽东半岛，西至山西，东抵东海。后来，由于栖息地的退缩，野生的麋鹿急剧减少，以致灭绝。到 1865 年，法国人大卫发现了清朝皇家猎苑中的麋鹿群后，费尽心机地把数十只麋鹿偷运到欧洲，经鉴定为新属新种。1900 年八国联军进北京，将所剩麋鹿洗劫一空。英国的贝德福公爵弄到一群养在他的乌邦寺别墅里，南海子猎苑的麋鹿消失后，乌邦寺的麋鹿就是当时世上仅存的唯一麋鹿群。这群麋鹿不断繁衍壮大，一个时期已超过千只。下一代的贝德福公爵还把麋鹿送到其他动物园饲养以防绝种。截至 1979 年 1 月，全世界已有八百零一只麋鹿分别养在九十四家动物园和野生公园中。1956 年，由英国动物学会派人护送两对麋鹿到北京动物园饲养；1973 年，英国前首相希思又送回两对；1985 年，英国乌邦寺主人送二十二只到北京南苑落户，其中两对送到上海动物园饲养；1986 年，来自英国七家动物园的三十九头麋鹿返回故乡江苏大丰；后来，我国又分批从国外引回八十多只，饲养于北京南苑和江苏大丰。现在，中国境内的麋鹿主要分布在三大保护区内，即江苏大丰麋鹿国家级自然保护区、北京大兴麋鹿苑、湖北石首麋鹿国家级自然保护区。

麋鹿体长一米七至两米多不等，体重一百多至一百五十多千克，雄鹿有角且体型比雌鹿大。雄鹿有时一年长两次角，第一对在 10 ～ 11 月脱换，随后开始长第二对，这对角在翌年 1 月骨化变硬，并随后脱落。从麋鹿宽大的蹄子来看，原先可能栖居在沼泽地带，它们主要吃草和水生植物。人工饲养条件下的麋鹿很喜欢水且善于游泳，这正是它们曾生活在沼泽地区延续下来的本能。

1995 年，济南动物园从北京引入两对麋鹿，翌年即繁殖生仔，至 1999 年已繁殖幼鹿十余只，之后不断繁衍添丁，现在已形成一个四十余只的大群。它们非马非鹿的相貌很有点特立独行，悠闲的神态也赚足了游人的眼球，就连围着食槽贪婪地吃草而把一溜儿肥臀朝向游人的场景也颇为壮观，每次驻足麋鹿展区旁，都能看到人们惊奇欣喜的神情。

牛

牵起春牛的鼻子

>>

牛年春早，沿河的柳枝已朦胧起绿雾，高大的杨树都鼓凸了芽苞，冷傲的风也含蕴着微微的暖意。淡黄的蜡梅一如清香而羞涩的少女，虽未浓妆艳抹却是卓尔不群，馨香而明丽地成为早春的宠儿；被冻怕了的草们，虽慵懒地裹着厚厚的棉衣，却仍钻出头来骨碌着惺忪的睡眼，打量着牛年的初春；憋屈了一冬的迎春花，迫不及待地舒展着腰身，绿了一丛丛的枝条，黄了一粒粒的花芽。

一年之计在于春，是希望，也是鞭策，更是鼓劲。"老牛亦解韶光贵，不待扬鞭自奋蹄。"春天的韶光更是珍贵，我们正凝心聚力地准备着，不遗余力地去当一头深耕细作的老黄牛，抑或是当一头甘于奉献的孺子牛，也更想成为一头推石上山的拓荒牛。

"块块荒田水和泥，深耕细作走东西。"这是臧克家先生眼中的"老黄牛"。老黄牛老老实实、勤勤恳恳、忠心耿耿、埋头苦干，"老奸牛"们常嘲讽其为傻子。其实，老黄牛们胸怀远大，信念坚定，只管苦干实干，却不计名和利。潜心钻研的科研尖兵、精准扶贫的基层干部、各行各业默默奉献的劳模们，他们不就是新时代的“老黄牛”吗？！新时代呼唤“老黄牛”精神！

“俯首甘为孺子牛。”孺子牛本是指对子女过分疼爱的父母之爱，鲁迅先生让“孺子牛”精神得到了升华，人们就把无私奉献、心甘情愿为人民大众服务的人敬称为“孺子牛”。

“拓荒牛”善于创造奇迹。小渔村变身大都市，深圳只用了四十年，四十年让一座城从无到有到繁盛，这是只有敢于开拓创新、甘于吃苦耐劳，坚韧不拔、注重行动、从不空谈的“拓荒牛”才能创造的奇迹，深圳人就是名副其实的“拓荒牛”。月球采样的“嫦娥五号”、深潜万米的“奋斗者”号、探秘浩瀚宇宙的“中国天眼”，这些国之重器的研制者，他们不就是新时代的“拓荒牛”吗？！新时代需要“拓荒牛”精神！

牛耐粗饲，除极寒极旱之地外均有分布，对环境有很强的适应性；牛是反刍动物，大量进食后就安静地俯卧，一边细嚼慢咽着青草，一边还仿若在深思着生活；牛体魄强健，胆豪气壮，善奔跑，敢斗虎狼。牛坚韧、敢斗、善静的品性，是大自然赋予它的宝贵财富，也是我们人类极力追求的人生高境界，有了这样的高境界，必会甘当艰苦奋斗的“老黄牛”，愿做为民服务的“孺子牛”，勇为创新发展的“拓荒牛”。

除了家喻户晓的家牛，中国的“名牛”还有羚牛和牦牛。

羚牛其实不是真正意义上的牛，虽然牛、羊、羚牛、牦牛都归属牛科，但羚牛与羊的亲缘关系更近一些，而牛和牦牛是近亲。特产于秦岭的羚牛，全身毛色金黄，又被称作金毛羚牛。秦岭—淮河一线是中国地理上最重要的南北分界线，生态环境极其丰富，生活着很多国宝级动物，如众所周知的大熊猫、金丝猴、朱鹮等，它们和金毛羚牛一起被称为“秦岭四宝”。

早在商周时期，牦牛就已被人类驯化，并与普通家牛“通婚”，它们是典型的高寒动物，主要分布在喜马拉雅山脉和青藏高原地区。牦牛全身都是宝，藏族人民的生活离不开它，喝牦牛奶，吃牦牛肉，烧牦牛粪，穿、住牦牛毛编织的衣服和帐篷，运输、农耕更离不开牦牛的助力。与牦牛同一祖先的野牦牛，生活在人迹罕至的雪线下缘，它们耐苦、耐寒、耐饥、耐渴的本领极强，嗅觉敏锐，叫声似猪（又被称作“猪声牛”）。野牦牛是青藏高原一带的特产动物，数量现存较少，是国家一级保护珍稀物种。

自古以来，牛既是人类的好帮手，也是大自然馈赠给人类的宝贵财富，不但能耕田、拉车、冲锋陷阵，还能为我们提供奶、肉、皮。正因如此，在十二生肖中排行第二的牛备受敬仰，在人间可是“神”一般地存在，如镇水患的铁牛、黄飞虎的神骑“五色神牛”、古人迎春仪式上的“春牛”等。在人们的传统认知中，牛还昭示着丰收、健康、繁衍和希望。

春天虽懵懂却如一轮刚拱破地平线的朝阳，虽蹒跚却孕育着大地尽染绿色的勃勃生机。春天是一年的牛鼻子，春天的牛，正挺翘着凉丝丝的鼻子，喷着热乎乎的鼻息迤逦在暖暖的阳光中。沐浴着春阳的我们，只要牵起春牛的鼻子，就有了希望，就能不负韶光，就会创造美好生活。

山魈

来自非洲的脸谱猴——山魈

>>

山魈，也作“山臊”，传说中的山怪。《正字通》引《抱朴子·登涉篇》：“山精形如小儿，独足向后，夜喜犯人，名曰魈。”《荆楚岁时记》、东方朔《神异经》“魈”并作“臊”。山东民间视为恶鬼，方志中多载春节燃爆竹以驱山魈事。如《商河县志》：“正月元旦，五更燃爆竹，以驱山魈。”

在《山海经》和我国古代记载中的“山魈”是不是我们现在介绍的这个动物有待考证。因为从分布上看，中国远古就没有分布记载。

山魈是一种生活在非洲丛林及岩石地带的灵长类动物，是世界上现存最大的猴科动物。雄性山魈体长最大可达一米，体重最高纪录达五十千克。相比其他猴子而言，山魈更加魁梧。同时，它也是“最凶猛的灵长类动物”，是敢于和狮子对峙的“狠猴”。

红鼻子、长长的蓝脸、颌下一撮山羊胡、色彩鲜艳的脸谱形似鬼魅，这就是来自非洲的脸谱猴——山魈。你可能见过红屁股的猴子，那红蓝色的屁股，你见过没？这可是山魈的另一大特点。此外，山魈的身长可超过八十厘米，站立时有一米高，是体型较大、身体强壮、凶狠的灵长类，所以它也得了一个美称——“力量与色彩的完美融合”。

达尔文称：“在整个哺乳动物中，没有任何一个生物有山魈如此奇特的色彩。”它们身上超越哺乳动物想象的色彩，来源于丰富的毛细血管，而且之所以会呈现出蓝色的皮肤，是因为皮肤里的胶原纤维有规律地对光线衍射造成的。除了面部鲜艳的颜色出名，它们的“彩虹屁股”也很惹眼。山魈臀部的皮肤可以呈现出红色、粉色、蓝色、紫色多种颜色，人们经常说的“彩虹屁”在山魈身上实现了。

它们是杂食性动物，饮食多样化，通常吃植物，可进食的植物种类超过一百种，喜欢吃水果、叶子、树皮、茎、纤维等，还吃蘑菇和土壤。

山魈为群居动物，每个群落的数量平均有六百只，而且等级制度森严。头领通常颜色艳丽、花纹巨大，作为群落里最帅气、潇洒的国王，领导整个群落。成年后的山魈性格暴躁，凶猛好斗，被称为猴界的“勇猛战斗机”：依靠尖而长的牙齿、锋利的爪子以及强大的臂力与中型猛兽搏斗，就连小型豹子都对它敬畏三分。山魈不仅勇猛好斗，而且还很机智，可以与狒狒的智商媲美，是最聪明的灵长类动物之一。

在北方长大的小孩应该都记得“大马猴”这个名字，童年里少不了被家长说“再不听话大马猴就把你抱走了”，那这与远在非洲的山魈又有什么关系呢？

其中的联系是这样的：“大马猴”在北方不同地区有着不同的含义，比如说野狼、替人看马的猴子等，反正就是个怪物，其中有个很主流的说法认为“大马猴”的原型就是山魈。当然，这个原型说的是如《聊斋》的志怪小说和民俗传说里的山魈，在漆黑的山林里来无影去无踪，长相可怕，最爱把不听话的小孩抓去吃掉，让许多北方孩子夜里睡觉都不敢把脚伸出被窝。

如果一定要说“大马猴”的原型就是山魈，那的确不太现实，因为山魈的生活范围一直都在非洲的喀麦隆、刚果、赤道几内亚和加蓬这几个国家。按理来说，我国北方地区的人们在古时候根本不可能见过山魈。

但古代的气候和环境与现代是不一样的，就如同古时候黄河流域曾有大象生活一样，如今的一些热带动物曾经的生活范围也很可能并不小。而最近几年，科学家在泰国、越南等南亚地区也发现了野生的山魈族群，具体原因到现在也还是未知。

那么，你觉得这种生活在非洲的猴子，到底会不会是我国传说中的“山魈”呢？

塔尔羊

喜马拉雅的山林隐士——塔尔羊

>>

在济南动物园的塔尔羊展区，生活着一群在国内其他动物园很少能见到的塔尔羊。近几年来，它们的家族可谓是“羊”丁兴旺，数量由原来的四只发展到了二十多只。动物园里的工作人员为了让它们生活得舒适、开心，特意为它们量身建造了清新漂亮的“大草原”，还为它们配置了高档的“健身场所”——岩石山。在这片天地里，它们可以嬉戏、奔跑、竞技，轻松地展现自我。

塔尔羊的相貌英俊，体态轻盈，身上的长毛会随着气候的变化而改变，有时呈褐色，有时呈黑色，有时还会呈现金色，亮晶晶的，漂亮极了。此外，它们还有个绝活儿，那就是“飞檐走壁”，可以在高山的悬崖峭壁上灵活地奔跑嬉戏。一双美丽的横瞳，瞳孔像横宽竖窄的矩形，能让它们获得更广的横向视野。塔尔羊主要生活在海拔三千至四千米的喜马拉雅山脉南坡，常栖息于有树木的山坡上，活动于崎岖的裸岩山地及林缘，适应严寒多雨的气候，善于攀爬。

偶蹄目的食草动物往往都喜欢大群生活，这样更容易生存。然而，塔尔羊却不太喜欢“社交”，平时都是独居或小团体活动。

塔尔羊栖息在有树木的山坡上，清晨和傍晚觅食，几乎什么植物都吃。白天会找有遮蔽的地方休息，而且生性机警，难以接近，总有担任警卫的羊，密切注意着周围有没有危险的征兆。

老年雄性会在夏季另组成小群，居住在最崎岖、险峻之处，到冬季回到大群中，一起过冬。

塔尔羊需要每天喝水，还好它们是敏捷的登山好手，虽然栖息于悬崖峭壁之上，但当口渴时，就可以敏捷地下山到溪谷中寻找水源。但同时，捕食者也早早埋伏在水源旁等待了。

每年的10月到第二年的1月，公羊会变得膘肥体壮，因为这个时间段，公羊间的配偶争夺大战即将打响。

胜利的公羊站在高高的峭壁上降膘，因为公羊这时实在是太胖了，不利于它们交配，它们会通过寒风来燃烧脂肪，从而达到减肥的目的。

看似笨拙的塔尔羊，实际上战斗力非常强悍。头上的“人”字形羊角是它们最有力的武器，脚下的“铁蹄”是它们最有力的助手。塔尔羊灰褐色的羊角短而向内弯曲，从正面看像一个倒着的“人”字形，连接头部像一个“心”形，角尖锋利无比。雄性塔尔羊羊角比雌性羊角更加粗大。

当与同类羊较量或被其他动物袭击时，塔尔羊会用尖锐的羊角将对方刺伤。再加上强有力的铁蹄，不仅能在战斗时给对方致命的一脚，还能在打不过时迅速开溜。即使是凶猛的雪豹和猞猁也不敢与塔尔羊的羊角和铁蹄正面交锋。按理来说，生存能力和战斗力都极强的物种应该能迅速扩大种群，占据一方天地才对，为什么塔尔羊却越来越少，甚至濒临灭绝呢？据统计，目前喜马拉雅山脉的塔尔羊只有五百多只，种群数量岌岌可危，原因有三点：

一是因为它们的繁殖能力太差，不仅孕期长，而且每胎基本只生一个幼仔。

二是因为塔尔羊的栖息地生态环境实在太脆弱，畜牧业的发展导致草原被破坏，塔尔羊的食物也受到影响，导致觅食难度剧增，所以它们的数量才会越来越少。

三是因为工业化的进程，导致全球变暖，高原地区冰山融化，植被面积大规模减小，加剧了食草动物的竞争，对塔尔羊生存和繁殖造成了严重威胁。

塔尔羊的天敌主要有：

一是狼。狼是世界上分布最广的动物之一，无论是高原、荒漠、雪山都有它们的身影，而生活在西藏的狼一般都是灰狼和黄狼，体长超过一米，通常群体活动。它们懂得团队合作，会趁喜马拉雅塔尔羊下山喝水的时候发动偷袭，而且攻击目标一般都是塔尔羊的幼仔，可以说聪明又狡猾，让塔尔羊防不胜防，是塔尔羊最大的天敌。

二是雪豹。雪豹是一种十分强悍的捕食者，它们具有强大的分配血液和调节呼吸的能力，体型也很庞大，成年后体长可达一米三，体重可达八十千克，性格残暴，善于战斗，是雪山的王者。它们飞檐走壁的能力和塔尔羊不相上下，而且战斗智商极高，很少和塔尔羊正面战斗，而是利用塔尔羊眼睛的死角，从高处突然扑向塔尔羊幼仔，将其推下悬崖活活摔死。

目前，塔尔羊主要分布在尼泊尔、不丹和中国西藏等部分地区。人与自然相依相偎，羊作为最早与人类相伴的动物，在自然之中经历了复杂的进化，才能延续至今，并出现了许多鲜为人知的种类。在我国的青藏高原地区还有许多我们不熟悉的羊群，例如：攀登好手——岩羊、角长如刀——北山羊、亚洲巨野羊——盘羊。它们都有自己的特点，但很少有人真正地了解过。随着生态环境的恶化，它们也在慢慢濒临灭绝，渐渐地被现代人忽略和忘却。

兔子

小兔子大家族

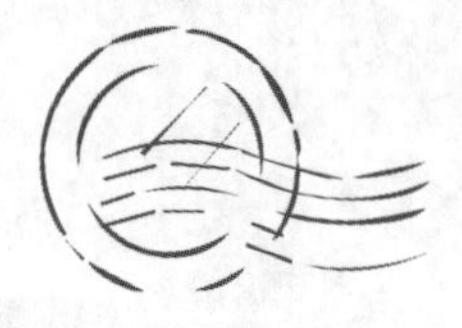

>>

在十二生肖中，兔排行第四，它们不仅象征着吉祥、快乐、活泼、开拓，也代表着跳跃、快节奏。很多动物园都建有兔子乐园，各种各样的兔子聚在一起，让大人孩子都流连忘返。在这里，人们不再与小兔子隔笼相望，而是可以抚摸、亲近，还可以抱着合影留念。人兔和睦相处，共同融汇在大自然中，远离烦扰，喜乐祥和。

人们不但把兔子看成是机敏、狡黠、快节奏的象征，而且还世代相传着许多的传说，像“金乌西坠，玉兔东升”“狡兔三窟”“玉兔捣药”等，兔子从实体到文化都成了人们的宠物。实际上，地球上的兔子是一群进化得很成功的动物，除南极和马达加斯加外，它们遍布所有的陆地。澳大利亚和新西兰本不产兔子，人们把它们引入后，它们很快就繁盛起来。可见兔子有很强的适应能力，它们能适应多种多样的自然条件，从沙漠到北极，从草原到森林都有它们敏捷的身影。

当然，它们中的大多数种类还是更喜欢草原，因为它们的主要食物是草。兔子们有良好的视力和敏锐的听觉，这些本事能使它们及早发现敌人，然后逃之夭夭，让猎手们只能望兔影而兴叹。

兔子是个大家族，在这些兔子中，有的居住在高山岩石地区，它们是人们很难见到的鼠兔，体型很小，身长只有二十厘米左右，脚上多毛，而且还有一个爱好——在夏末时收集草与其他植物，放在阳光下晒干后储藏在岩缝间或其他洞穴中，以备冬天食物短缺时享用，还挺会精打细算的。有的成群住在地下的洞穴中，如穴兔，它是家兔的祖先，性好群居，在地下洞穴内居住，一个洞内可住着成百只个体，地洞连成迷宫似的地道网，看来它们是准备与强敌打一场旷日持久的地道战。有的居无定所，只挖一些临时的卧穴，前面提到的“狡兔三窟”就是指的这些兔子，如草兔，就是我们常在野外见到、谓之野兔的那种。大多数种类的兔子是不掘地洞的，也不在洞中居住，而是栖息在开阔的多草地区或树林中，如北美兔，它们的幼仔出生后，母兔便将其分别藏在茂密的植物丛中，按时去哺乳，在有危险时，幼兔会一动不动地藏着，不易被发现。

在兔子大家族中，还有一群与我们人类关系密切的个体，它们有很多品种，都是人们经过长期的饲养繁殖培育出来的，统称为家兔。在兔子乐园中常见的有日本兔、长毛兔、虎皮黄兔、新西兰兔和加利福尼亚兔等，它们各具形态，非常活泼可爱，不论大人孩子都很喜欢。摸一摸、抱一抱这些毛绒绒的小东西，喜悦的心情油然而生，仿佛忘却了一切琐事的烦扰，获得了满满的幸福。这就是动物精灵们的亲和力、大自然的魅力所在吧。

正是大自然的这些福泽，我们的生活才能多姿多彩、有滋有味。

记得有句俗语：兔子尾巴——长不了。其实，短有短的好处，兔子们没有了大尾巴的拖累，才能跳跃迅速，远离危险。愿我们每个人在新的一年里都能去掉“大尾巴”，轻装上阵，快乐前行。

大象

聪明且感情丰富的大象

>>

拔犀擢象，这个成语是比喻提拔才能出众的人，而成语中提到的象即是指大象，以大象借指杰出的人物。由此可见，在人们的认知里，大象不但是体型庞大的大块头，而且是感情丰富、智慧超群的灵兽，是智慧、力量和能力的典范。

说大象是大块头，相信人们都毫无疑义。

大象是陆地上现存体型最大的哺乳动物，现存有非洲草原象、非洲森林象和亚洲象三种，其中非洲草原象个头最大，非洲森林象个头比亚洲象还要小一些。尽管这三种象个头大小不一，但它们皆是陆生动物中的庞然大兽，就是体型相对较小的非洲森林象平均身高也有两米五，平均体重约三吨半，这约相当于五十个人的重量。大象不但体型大，而且力大无比，若是拔河的话，即使上来三十个能倒拔垂杨柳的鲁智深也未必是一头象的对手，当然这只是推测，没有经过验证哦！但是，我相信这个推测是正确的，不知你信吗？

说大象智慧超群，可能有很多人很不服气。

大象可以用人们听不到的次声波进行交流沟通，正常情况下，这种次声波能传十多千米远，象群间大部分的日常交流都毫无问题。但是，在恶劣天气时，次声波会受到干扰，往往只能传几千米，彼此皆需保持安全距离的象群间就不能正常交流了。不能正常交流是寂寞的、难耐的，于是，聪明的大象就像广场舞大妈们一样集体跺脚，跺脚产生的“隆隆”声就会传得很远，即使远在几十千米外的象群，也能通过一套特殊的扩音设备接收到。这套设备由脚掌、骨骼及脸部的扩音脂肪构成，其扩音效果很显著。大象的学习能力和记忆力都很强，在动物行为训练方面它可是个优等生，比如保持脚掌抬起、鼻子扬起、嘴巴张大等项目的训练，它很快就能做得得心应手了。了解了这些内幕，你对大象的智慧还不服气吗?

说大象感情丰富，可能也有很多人表示质疑。

在野外，当一头大象看到同伴有麻烦时，它会感到很沮丧，但是它不会置之不理，而是伸出温柔的长鼻子抚慰同伴，并想办法为同伴解忧。如果有贪玩的小象陷入泥坑，它会想尽办法用长鼻子救助小象；如果有同伴不小心受伤且行动不便，它会倾尽全力把同伴拖到安全地带；如果有同伴亡故，象群会悲伤地围绕着同伴的遗体，即使忍饥挨饿、干渴难耐，也久久不愿离去，直至若再不饮水进食，整个象群将会面临新的死亡的时候，大家才在阅历丰富的雌象的带领下，依依不舍地迈开沉重的步伐，向远方的水源地进发。

在人工饲养条件下，出生一两年的小象除了调皮玩耍，大多数时间，包括进食、休息，总是与母象形影不离，母子亲密无间，互相抚慰。然而，令人痛心的是，总会有生离死别不时发生。人工饲养条件下出生的小象有一个致命恶疾，那就是很易感象亲内皮疱疹病毒，一旦被这种病毒缠上，小象们就毫无生机了。目前，人工饲养条件下出生的小象因这种病毒的侵袭损失惨重。当出现这种危机时，为了安全，只能把母象与小象隔离，母象与小象隔离的场面真是让人既伤心又感动。哪怕只是很短的时间看不见一直以来形影不离的象宝宝，母象也会母性泛滥几近疯狂，几十厘米的栏杆缝隙也敢硬钻，几米高的围栏也敢硬爬，它庞大的身躯既钻不过狭窄的缝隙，也翻不过高耸的围栏，可是它仍然奋不顾身、无视危险地寻找着。看过这样的场面，你对大象丰富的感情还有质疑吗？

弯角剑羚

说一说羊族的那些“武林高手”

>>

行走江湖的高人都有自己安身立命的本事，比如郭靖的“降龙十八掌”、东方不败的“葵花宝典”。其实大自然界中的动物们想要在激烈的生存之战中获得一席之地，也要有自己的看家本领才行，而且，有些动物身手不凡，绝对堪比武林高手。

“攀岩高手”岩羊——品种羊中当之无愧的“高富帅”，传说中的喜马拉雅蓝羊。由于常年在岩石峭壁上生活，岩羊练就了一身的绝技，可从高处向下纵跃十多米而毫发无损。身披灰色风衣、完美弧度的长角，让岩羊成为羊族中的佼佼者。

岩羊是一种蹄行动物，蹄形动物最大的特点就是用趾甲走路。岩羊蹄子的前端非常坚硬，在它攀爬时，只要在岩壁或树干上找到一点点突出，就能踩住并牢牢地站稳。而且它蹄子的前端还非常细小，如果没有向外突出的岩石来踩踏，它还可以把蹄子插入岩石的缝隙中来固定支撑身体。岩羊的蹄子底部边缘是坚硬的，但在中间却是柔软的肉垫，这样使得它的蹄子能完美地贴合那些凹凸不平的岩石，增加受力面积和摩擦力。所以，在我们看来非常陡峭的山，在岩羊的眼中实际上都是一个个像台阶一样的“小阶梯”。

岩羊在受惊时能在乱石间迅速跳跃，并灵活自如地攀上险峻陡峭的山崖，所以它也被誉为“动物界的攀岩高手”和“青藏高原上的峭壁精灵”。

“大角羊”盘羊——野生羊中体型最大的绵羊，有极强的耐渴能力，可以一连几天不喝水，嗅觉、听觉、视觉敏锐，是草原、沙漠里的“优秀侦察兵”。

同许多牛科和鹿科动物相似，雄性盘羊头顶都长有醒目的大角，除了防御天敌，也是它们争夺交配权的利器。雄性盘羊的角通常可以起到配重的作用，让身体的力量更好地集中在头部。争夺交配权时，它们通常会采取“冲撞式”争斗模式。撞击对手前，雄性盘羊会依靠后腿站立，随后身体向前倾，调整好角度加速撞向对手，有时还会旋转颈部以增加撞击力。撞击后，双方会略微拉开一点距离，继续下一轮撞击，直到一方退却为止。

为何盘羊能够经受这样反复的撞击，却不会得脑震荡呢？原来，牛和羊的角内部中空，称为洞角，而头骨的枕部有两处凸起的骨骼，称为角心骨，空心的角套在角心骨上生长，与头骨连为一体，而雄性盘羊对撞时，受力点在羊角基部，撞击时冲击力沿表面传导至角心骨，而角心骨内部由许多细小的骨小梁构成海绵状，形成许多空腔，越靠近撞击面空腔越大，起到了吸收冲击力的作用，同时盘羊头骨和大脑之间也有空腔缓解冲击力，避免因撞击损伤头部。

拥有一身健美肌肉的弯角剑羚，性情温驯、行动灵活，比骆驼还耐旱，济南动物园里的两头弯角剑羚正值青少年时期，呆萌、乖巧，是许多游客眼中的动物明星。

弯角剑羚的故乡，在非洲撒哈拉的南部、西南非、东非及阿拉伯半岛。它们大多生活在干旱草原或沙漠地带，也有的生活在灌木丛或石山。弯角剑羚的皮毛是黄白相间的，这也是它们的保护色，在沙漠或者东非那样的大草原可以更好地隐藏自己。

弯角剑羚顾名思义，它们有着长长的、像弯刀一样的角，纤细弯曲的双角长达一米多。这是它们保护自己最好的武器，但这对角同样也给它们带来了灭顶之灾。

二十世纪六十年代开始，人类对弯角剑羚进行大肆捕杀，有的是为了获取它们的皮毛和角，有的是吃它们的肉，更有甚者只是为了杀戮取乐。

其实这样莫名其妙就被杀戮的动物不止它们,还有白犀牛、儒艮等,它们的悲惨遭遇都是人类为了满足一己私欲而造成的。

说起耐渴耐热，最适合在沙漠生存的动物，人们通常想到的一定是沙漠之舟——骆驼。其实弯角剑羚是比骆驼更耐渴的动物，它们最长可以十个月不喝一滴水还能够存活。

弯角剑羚用一种奇特的方式来应付炎热的气温：把体热储存起来。它们能够忍受高达四十六摄氏度的体温，超过了这个温度才会出汗降低体温。

等到了晚上，弯角剑羚散发白天储存的热气，并且开始非常缓慢地做深呼吸。

因为深呼吸能吸入更多的氧气，通过新陈代谢制造更多的水分，而夜晚空气相对湿度比较高，通过呼吸散失的水分就比较少，缓慢呼吸能让身体更加平静，不消耗能量，它们通过这样的行为累积更多的水分以到白天使用。

弯角剑羚这种行为巧妙地适应了既炎热又缺水的半沙漠环境，不得不感叹生物自主适应能力的神奇和伟大。

说了这么多羊，朋友们，我们也为这些羊明星送上美好祝福吧，愿它们家庭和睦、夫妻恩爱、早添贵宝。

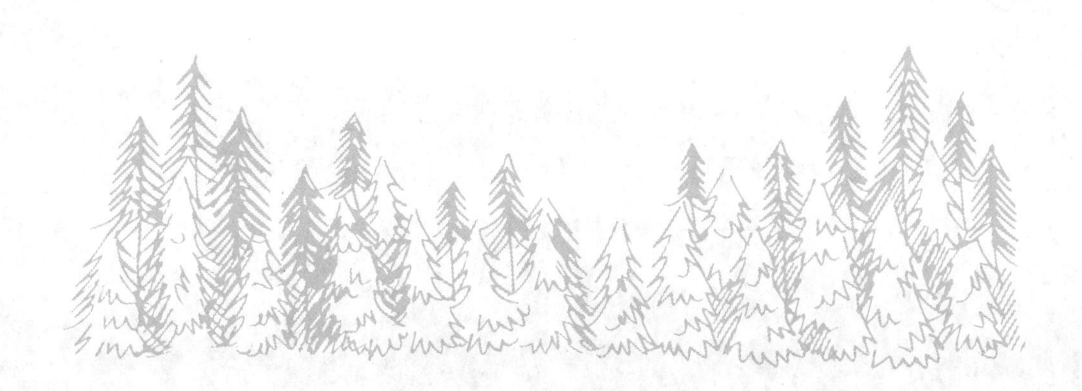

羊驼

萌萌的代言美宠——羊驼

>>

我们今天来聊一种可爱的动物，它在中国网络上流传甚广，被誉为“十大神兽”之首，它被人熟知的名字叫羊驼。羊驼这个名字会使人想到它的长相，既有某些和骆驼相似的地方，也有某些和绵羊相仿的特点。

羊驼不是“羊”，其实是驼类。的确，羊驼有点像骆驼，例如，它的脖子比较长，蹄子是肉质的，走路的姿态有些类同骆驼，胃里有水囊，可以数日不饮水，因此，也被称为“美洲驼”。

如果一定要细分，那么有两个比较大的分类是可以简单区分的：大羊驼和小羊驼。大羊驼比小羊驼高大健壮一点，主要用来在南美洲的山地上驮运货物，而小羊驼的毛细腻柔软，主要用来提供优质驼毛。

大体上羊驼的形貌特征还是很明显的：看上去像骆驼又像绵羊，拥有修长的四肢和匀称的长脖子，两只大耳朵高高竖立。很值得一提的是，除了吃的和同伴，它们对什么都有着不屑一顾的高傲神态。也许这种神态只是一种为了生存而用来远离危险的智慧之举吧。

早在二十世纪七八十年代，在澳大利亚就有人圈养羊驼作为宠物。诚然，羊驼被驯化时是一种实用家畜，但它大大的眼睛、圆鼓鼓的身形和活泼的性格，又着实讨喜。这样大的一只动物，却总是安安静静，对人也非常友善，而且羊驼总是到固定的地点排便，这种自带“驼砂盆”的设定，简直是“铲屎官”的福音。

羊驼是秘鲁的国宝。和其他大洲的居民不同，南美洲的居民很少驯养野生动物，而羊驼则是他们唯一驯养的野生动物。

古印加帝国所处的位置大致相当于今天南美洲的秘鲁、厄瓜多尔、哥伦比亚、玻利维亚、智利、阿根廷一带。古印加帝国拥有庞大的军事实力，而羊驼则是他们最宠爱的家畜，其地位相当于我们的马匹，而且比马匹还有用。羊驼不仅能在山路上健步如飞，还能驮很重的东西，并且是一队一队结伴而行。这给当时的印加帝国提供了强大的运输能力。而羊驼的毛发，更是号称“会移动的黄金”，毛质柔软，在今天的市场里价格也比较昂贵。

羊驼被称为网络“十大神兽”之首，这绝不是空穴来风。这种萌物不仅胆子小，而且会卖萌撒娇。如果人类让它驮的东西太重，它会趴在地上不起来，哼哼唧唧，四蹄乱蹬。

如果有人或者什么动物惹恼了它，它会十分“凶恶”地吐出自己的舌头吓唬对方。如果吐舌头都不行，它将动用自己的必杀技：朝着对方吐口水。羊驼在群体中很喜欢靠吐唾沫显示个体地位，雌性有时候会对看不上眼的追求者吐上一口。在与人类交往的时候，羊驼一旦感受到威胁，就会脖子后仰，这就是要吐口水的前兆啦。神兽的脾气就是这样让人捉摸不透，大家可要耐心对待它们哟！

野猪

凶猛的野猪

>>

猪在“六畜”和十二生肖中均占有一席，说明猪与人们的生活息息相关。不但如此，猪在古诗词名篇中也时有闪现，“小池聊养鹤，闲田且牧猪。”这是唐代王绩《田家三首》中的名句。南北朝民歌《木兰诗》中是这样描写的：“小弟闻姊来，磨刀霍霍向猪羊。”这进一步说明猪已深深地融入了人们的生活。

这里所说的猪是家猪，它是人们肉品食物的主要贡献者。众所周知，家猪是由野猪驯化而来，驯化历史可追溯至八千多年前。野猪比家猪长得慢，但比家猪长得体型大，有的重达四百多千克，而且野猪体躯粗壮。雄性野猪有一对凸出的犬牙，这对犬牙可做挖掘食物的工具，也可作为攻击的武器。野猪的繁殖率极强，每年一般能生两胎，一般每胎能生十多只，有时多达二十多只。有一个时期，由于人类的捕杀和生存环境的缩小，野猪的数量一度锐减，在中国也被列入“三有”动物保护名录。近一时期，由于推行生态文明建设，环境逐渐变好，繁殖力极强的野猪繁衍迅速，在有些地区已出现了猪害，鉴于此，国家新调整了《有重要生态、科学、社会价值的陆生野生动物名录》，收录野生动物 1 924 种，其中新增了 700 多种，而野猪则被移出了该名录。移出该名录，并不意味着人们可以随意捕杀野猪，而是为可以更规范调控野猪的数量提供更大的空间。

野猪一般集十只左右的群活动，晨昏觅食，活动范围十平方千米左右，大多数时间活动在熟悉的地段。野猪还有个习惯，那就是常到一个固定地点排泄，这个地点大多在其领地的中央地段，有时在这个地方能堆积一米多高的粪堆。人们常说的“猪有猪道”应该就脱胎于野猪的这个习惯。对于爱清洁的人类来说这是个好习惯，但对于野猪来说，这个习惯常常为它们带来灭顶之灾，因为有经验的猎人常常利用这一点，在野猪们经常经过的路上下套。人们还常说“孤猪难斗”，也就是说你千万别去招惹落单的野猪，否则，它一定和你拼命。成群的野猪若感觉到危险，便各自四散而逃，落单的野猪遇到危险，不但不逃，还会拼命攻击。

记得当年在大学三年级第二学期，我们班在老师的带领下到小兴安岭去实习。当时，正值隆冬，小兴安岭被厚厚的积雪覆盖着，满眼白茫茫的，万物只剩下了轮廓。一天上午，实习指导老师带着我到林子里走样线，我俩穿着笨拙的棉服在没膝的雪地里艰难地走着，走着走着，听到不远处的树丛下有杂乱而窸窣的声音，我俩都认为一定遇到在雪地里觅食的动物了。实习指导老师又侧耳细听了一会儿，他小声地给我说：“一定是一群野猪，我们先别动。”不一会儿，我俩又听到了“呼啦啦”奔跑的声音，看来野猪也感觉到我俩就在不远处，就四散而逃了。我俩就慢慢向有声音的方向靠近，刚走了没几步，透过树缝儿就看到有一头野猪盯着我，身边还有一只棕黑相间的小野猪，感觉它怯怯的，有点不知所措。我就跟老师说："就剩一头带着小崽儿的母野猪了，咱们再靠近点观察一下。"老师说："人们都说'孤猪难斗'，其实带着幼仔的母猪更危险，我们千万不能再靠近了。"过了一会儿，没听到再有什么动静，野猪妈妈就带着猪宝宝离开了。实际上也就一两分钟的事儿，却感觉时间很漫长，紧张中的我俩好像已在心里念叨了半天"你们母子俩怎么还不赶紧去找大猪群啊"！

野猪分布范围极广，适应环境的能力极强，除了极干旱、极寒冷、海拔极高的地区，都能见到它们的身影，再加上它们极强的繁殖力，野猪能在短时间内恢复壮大族群就是意料之中的事了。

五
跋
动物秘闻

大熊猫

空运国宝大熊猫

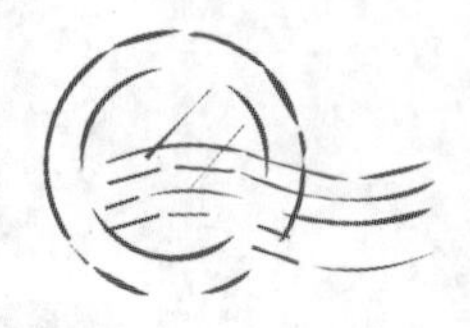

>>

很多人可能不知道，大熊猫有三个愿望，那就是，照一张彩色照片，吃一顿荤的，睡个好觉。怀揣着对大熊猫这三个愿望的好奇，我们飞向大熊猫的家乡——卧龙。

来之前，我们已向卧龙的同行探清了由成都到卧龙的路况，他说这段路正在铺筑中，不太好走，要三个多小时的车程。本来已做好了堵车的心理准备，可是堵车的状况还是出乎意料，载着我们的中巴车走走停停，有时一停就是半个多小时，等待的焦躁淹没了一路山水美景带给我们的好心情。

在这焦躁的等待中，还多亏了我们的向导小杨（羌族的帅小伙）和他的同伴（一位一路不太爱说话的藏族帅哥），他俩你唱流行歌曲我就哼羌藏民谣，你方唱罢我登场，一副赛歌的架势，我们在焦躁中也快乐了起来。快乐的时间易流逝，这话真不错！不知不觉中已进入卧龙地界，小杨告诉大家：卧龙有个风俗，外来的客人谁先见到熊猫谁就是此行最幸运的人。

大家不约而同地看向窗外，清澈的溪流，时而湍急，时而舒缓，一座座苍翠的山峦像一面面绿色的屏风耸立着在眼前闪过，真美啊！陶醉在美景中让我们忘情，这时，不知谁喊道：“快看！熊猫！”哇！真的，一面山坡上聚集了十余只，有的在草地上追逐，有的在树杈上攀爬，真可爱！如果不是小杨告诉我们这是熊猫中心养殖基地的熊猫苑，我们都以为是看到了野生的大熊猫了呢。

转过山脚，中巴车停在了熊猫宾馆的门前。这时，我们才回过味来，天色已不早了。抬头看墙上的钟表，已六点半了，本来三个多小时的车程我们竟走了八个多小时，但这八个多小时给予我们的不是疲劳，而是快乐、新奇和激动。

按照行程安排，我们将进行为期一天的熊猫生态考察。中巴车载着我们摇摆着驶向熊猫沟（又叫英雄沟）。熊猫沟是卧龙唯一一处可近距离观察大熊猫野生状态的地方。这条沟地势陡峻，山路湿滑，中间要穿过三条隧道。其中最长的一条叫熊猫洞，山泉似水帘般自洞顶垂落，地面是浸泡在泉水中的碎石子，很是难行，我们既要尽量躲避水帘，又要小心翼翼地注意脚下，难怪这里又叫英雄沟，没点英雄气概，还真不可能见到熊猫。一路上，我们十多人的队伍拖了竟有五百多米长，每过一个山洞就要休息一会儿。就是这些途中的小憩让我们收获颇丰，爬山时，一个个气喘如牛，虽山风湿冷，却都挥汗如雨，哪有心思去欣赏如画的美景；稍一休息，待气息喘定，身边湿漉漉的青山、颤悠悠的吊索桥映入眼帘，寂寞的山溪在奔腾中欢叫着鼓荡着耳膜，这美景可谓“此景只应卧龙有，济南哪有几回闻”啊！边走边歇，我们不再抱怨山路的陡峻湿滑，不再抱怨熊猫这家伙的架子大，这么多远方的客人来拜访，也不出来露露脸。

一路陶醉一路行，“很快”我们就到了熊猫沟的观察站——小木屋。可是，不巧得很，今天这里就一个工作人员值班。由于山路危险，大熊猫出没，他一个人不可能带着我们的大队人马进“山”去找大熊猫，没办法，带着遗憾的心情我们推选几位体力好的成员去完成最后的任务。回来后这几位都很兴奋，争先恐后地诉说着，他们一路手攀膝行，钻荆棘，攀陡崖，一路爬行一路找。可是无奈得很，咱们的国宝就是不赏脸相见，大家也只有遗憾而归了。可是，他们都说，虽然没有见到大熊猫，但看到大熊猫出没的地方真的是人迹罕至，林木茂盛，大熊猫喜食的箭竹林随处可见，这很令人欣慰，让人为大熊猫们高兴。

这次行程还安排了“相亲”仪式。这里的“靓猫”太多了，憨厚的、顽皮的、贪吃的、贪睡的，还有睡在育婴箱中的，每一只都让人怜爱，真是万花丛中迷人眼，“靓猫”堆里大家没了主见。转了一圈又一圈，最后终于选定了四只作为候选熊猫。这四只究竟哪一只能随我们到泉城呢？有的说要选一只年轻的壮“小伙”，有的说要选一只漂亮的美“少女”，大家七嘴八舌，意见不一，但大多数人最看好的还是那只优雅美丽的“川妹子”。

“川妹子”要到泉城的消息终于让每个人的脸上乐开了花，大家都兴高采烈地准备着。而我们的女主角却仍是悠闲地嚼着竹笋，直到要离开成都双流机场了，它还是一副见惯了大场面的派头，气定神闲。

深夜，我们伴着我们的女主角搭乘飞机抵达济南。空运国宝大熊猫的经历，让我重新认识了大熊猫，从远古至今，不管历经多少坎坷苦难，它们依然顽强地存活在地球上；从籍籍无名至大名鼎鼎，不管人们以何种姿态对待它们，它们都依然如故地生活在自然界。因着颇多感慨、感悟，辗转反侧良久，用以下文字与大家一起分享重新认识大熊猫的心得：

因着
天时地利
它在洪荒的远古
萌生
仗着
不屈的意志
和适应自然的
灵性
它在一条千万年的长路上
默默无闻地
蜕变成大自然的
精灵

揣着
隐士的情怀
蜗居在
荆棘丛生的山陇
它索取得很少，总是
与世无争

只有窸窸窣窣的竹鼠
才能叫出它的
大名

乘着
人类的时光机
穿着朴素的它
不为人知的它
一夜扬名
人们都叫它熊猫
其实
它最适合叫猫熊
永远黑着眼圈的它
已成为
烟熏妆的雏形
有着唐朝标准身材的它
被晚了千年之久的现代人
争相追捧

它
大名遍天下，依然
心境平和，行动从容
仿如置身
野趣横生的竹丛

任凭万千粉丝

从现实追至虚空

却始终不觉

自己就是那颗最亮的星

后记

我上大学之前一直生活在农村，与猪、马、牛、羊、犬、鸡、鸭、鹅这些家畜家禽都经常能零距离接触，对野兔、蜻蜓、蜘蛛、知了、蚂蚱这些动物也都非常熟悉。正是由于这些接触和熟悉，才让我对动物的喜爱之情从小就在心里扎下了根，这种情感不断积淀发酵，已升华为时时魂牵梦绕的故乡情，我近期创作的一首《像柳树一样成长》的小诗中就有对这种情感的诠释：

背着父亲用柳条/手编的猪草筐/筐里盛满/时时梦回的故乡/梦着故乡的梦/闯荡在/大江南北/汲取着/大地的营养/就像飞翔的柳絮/扎下根/就茁壮成长

正是在这种情感的催发下，高考志愿我毫不犹豫地就填报了野生动物专业。大学生活，既有理论学习，也有专业实习。我们在专业实习期间，曾见识过大兴安岭的浩瀚，也跋涉过小兴安岭的雪中山林；曾遭遇过成群的野猪，也惊飞过雪地觅食的飞龙（花尾榛鸡）。这些经历见闻都酝酿了我对动物的喜爱之情，在我参加工作初期创作的诗歌中，几乎篇篇都以动物为主角。比如在《怀揣了梦想的茧》一诗的题记中我是这样阐释我对动物的感情的：生命的神奇，心灵的自由，情感的奔放，不只是我们人类的专利，也是所有生命个体存在的理由。在正文中，我还作了进一步阐发：

挣断闪亮柔韧的丝/鼓着五彩粉嫩的翅/一个蛰伏已久的精灵/扬眉吐气地/翱翔在/甜香明丽的空中

正是在这种情感的催发下，大学毕业后，我怀着欣喜自信的心情走进了动物园这个动物王国。在动物园工作至今，我当过野生动物保育员，也从事过野生动物科研工作，还开展过野生动物科普教育工作，工作琐细平实，也充满挑战和乐趣。这期间，我与金丝猴朝夕相处了十多年，负责繁育建立了一个金丝猴圈养种群，主持完成了圈养金丝猴在北方地区的繁育、建立金丝猴圈养种群的技术研究等课题，课题成果获得市级科技进步二、三等奖；我从事了近十年的野生动物科普宣传工作，策划开展了给动物过生日、给动物过节日、动物婚礼等科普活动几十项，在省市媒体发表了动物科普文章数十篇。在动物园开展的这些工作，让我对动物更亲近了，对动物的感情更纯粹了，这样的感情在我创作的《美丽动物园》一诗中有最真实的体现：

当朝霞羞红着脸/把天际点亮/黄的粉的紫的/摇曳出好看的模样/年轻的歌手们/你方唱罢我登场/你飙高音/我唱中音/它就用重低音哼唱/仿佛金色大厅里/绕梁三日的交响乐/把快乐的音符/拖拽得/婉转而高亢

正是在这种情感的催发下，我下定决心要和小朋友、大朋友们共同分享我的快乐，共同分享动物之美，于是，我下了一番功夫，把我和同事们共同创作的关于动物科普的文字集聚成册，奉献给大家，让我们一起来赏阅动物的秘闻，一起来关注动物的生活，一起来保护我们的这些动物朋友。

最后，我再与朋友们分享一下我在《心中有一条河》一诗中的几段文字：

一意向前的水／任性地淌在河中／虾和鳅／戏在草丛里

遮天蔽日的沙／随性地无形幻变／蛭和蜥／长在沙窝里

吞噬一切的蓝／无所顾忌地漫灌时空／豚和鲨／游在光明里

马　战

2024 年 3 月